Friedrich-Wilhelm v. Herrmann
Heideggers „Grundprobleme der Phänomenologie"
Zur „Zweiten Hälfte" von „Sein und Zeit"

Friedrich-Wilhelm v. Herrmann

Heideggers „Grundprobleme der Phänomenologie"

Zur „Zweiten Hälfte" von „Sein und Zeit"

Vittorio Klostermann · Frankfurt am Main

Die Deutsche Bibliothek – CIP-Einheitsaufnahme

Herrmann, Friedrich-Wilhelm von: Heideggers „Grundprobleme der Phänomenologie" : zur „zweiten Hälfte" von „Sein und Zeit" / Friedrich-Wilhelm v. Herrmann. – Frankfurt am Main : Klostermann, 1991
ISBN 3-465-02518-0

© Vittorio Klostermann GmbH, Frankfurt am Main 1991
Alle Rechte vorbehalten, insbesondere die des Nachdrucks und der Übersetzung. Ohne Genehmigung des Verlages ist es nicht gestattet, dieses Werk oder Teile in einem photomechanischen oder sonstigen Reproduktionsverfahren oder unter Verwendung elektronischer, hydraulischer oder mechanischer Systeme zu verarbeiten, zu vervielfältigen und zu verbreiten.
Satz: Fotosatz L. Huhn, Maintal
Druck: Weihert-Druck GmbH, Darmstadt
Alle Rechte vorbehalten – Printed in Germany

MAX MÜLLER

zum 85. Geburtstag
in Verehrung und Dankbarkeit
zugedacht

INHALT

Vorwort   9

§ 1. Zur Entstehung beider Schriften   13

§ 2. Die Vordeutungen auf den dritten Abschnitt „Zeit und Sein" in der Ersten Hälfte von „Sein und Zeit"   21
    a) Das Vorwort zu „Sein und Zeit" in seiner Hindeutung auf die Thematik von „Zeit und Sein"   21
    b) Die Überschrift des Ersten Teiles in ihrer Vordeutung auf die Thematik von „Zeit und Sein"   23
    c) Der § 5 der Einleitung in seiner Vordeutung auf den dritten Abschnitt „Zeit und Sein"   26
    d) Der § 83 des zweiten Abschnittes als Überleitung zum dritten Abschnitt „Zeit und Sein"   30

§ 3. „Die Grundprobleme der Phänomenologie" als zweite Ausarbeitung des dritten Abschnittes „Zeit und Sein"   32
    a) Die Beantwortung der Grundfrage nach dem Sinn von Sein überhaupt   36
    b) Das erste Grundproblem: Die ontologische Differenz von Sein und Seiendem   42
    c) Das zweite Grundproblem: Die Grundartikulation im Sein   44
    d) Das dritte Grundproblem: Die Modifikationen des Seins und die Einheit seiner Vielfältigkeit   48
    e) Das vierte Grundproblem: Der Wahrheitscharakter des Seins   51

§ 4. Fundamentalontologie und Metontologie 53

§ 5. „Die Grundprobleme der Phänomenologie"
und das Ereignis-Denken 56

VORWORT

Als im Spätherbst 1975 das Erscheinen der Gesamtausgabe der Schriften Martin Heideggers mit der Erstveröffentlichung der Marburger Vorlesung vom Sommersemester 1927 „Die Grundprobleme der Phänomenologie" begonnen hatte, war dem langen Rätselraten um den dritten Abschnitt „Zeit und Sein" aus dem Ersten Teil von „Sein und Zeit" ein Ende gesetzt. Heidegger hatte diese Vorlesung als „Neue Ausarbeitung des 3. Abschnitts des I. Teiles von ‚Sein und Zeit'" verfaßt, nachdem er in den ersten Januartagen des Jahres 1927 die bis dahin erreichte erste Ausarbeitung dieses wichtigsten Abschnittes der ganzen Abhandlung verworfen hatte.

Auch wenn der Vorlesungstext – literarisch gesehen – nicht direkt an den zweiten Abschnitt von „Sein und Zeit" anschließt, sondern einen mehr geschichtlichen Weg einschlägt, ist er doch von Heidegger streng systematisch gedacht und durchgegliedert. Der erste der drei Teile der Vorlesung ist eine „Phänomenologisch-kritische Diskussion einiger traditioneller Thesen über das Sein". Hier zeigt Heidegger, wie diese Thesen über das Sein den philosophierenden Rückgang auf das Wesen des Menschen als das Dasein in seiner seinverstehenden Existenz fordern, ferner, wie am Leitfaden des Daseins entlang die Fundamentalfrage nach dem Sinn von Sein überhaupt ausgearbeitet und beantwortet werden muß und wie zu dieser Fundamentalfrage der Philosophie vier Grundprobleme gehören, die in jenen vier traditionellen Thesen über das Sein verborgen liegen und aus ihnen herausgeschält werden müssen. Deshalb behandelt der zweite Teil der Vorlesung „Die fundamentalontologische Frage nach dem Sinn von Sein überhaupt. Die Grundstrukturen und Grundweisen des Seins". Dieser zweite Teil enthält das Kernstück jener Thematik, die nach dem Aufriß von „Sein und Zeit" unter dem Titel „Zeit und Sein" den dritten Abschnitt des Ersten Teiles bildet. Als Untersuchungsgegenstand des dritten Teiles der Vorlesung war „Die wissenschaftliche Methode der Ontologie und die Idee der Phänomenologie" vorgesehen.

Die vorliegende Schrift handelt zunächst aufgrund neuerer Quellen von der Entstehungsgeschichte von „Sein und Zeit" und der Vorlesung „Die Grundprobleme der Phänomenologie" (§ 1). Sodann möchte sie zeigen, daß dieser Vorlesungstext in der Tat das Kernstück der Thematik von „Zeit und Sein" zumindest ein Stück weit zur Ausführung bringt. Das geschieht durch einen Vergleich jener Vordeutungen auf den dritten Abschnitt „Zeit und Sein", die sich zahlreich in der 1927 erschienenen Ersten Hälfte von „Sein und Zeit" finden, mit den Ausführungen im Vorlesungstext von 1927 (§§ 2 u. 3). Daraus ergibt sich dann aber für die auslegende Zueignung der Daseinsanalytik aus „Sein und Zeit" die Aufforderung, diese nunmehr aus der Kenntnis von „Zeit und Sein" in ihrer rein fundamentalontologischen Abzielung verstehend aufzunehmen und von ihr nicht das zu erwarten, was Aufgabe nicht der Fundamentalontologie, sondern der Metontologie ist (§ 4). Doch bleibt eine philosophierende Aneignung der fundamentalontologischen Frage nach dem Sinn von Sein überhaupt und der aus ihr entspringenden Grundprobleme auch für ein zureichendes Verständnis des Ereignis-Denkens unumgänglich. Denn das Ereignis-Denken nimmt jene fundamentalontologischen Grundfragen in gewandelter Frageweise und Beantwortung in sich auf (§ 5).

„Die Grundprobleme der Phänomenologie" ergänzen nicht nur die 1927 erschienene Erste Hälfte von „Sein und Zeit" um den wichtigsten Abschnitt der ganzen Abhandlung, sondern sie sind auch ein unverzichtbares Bindeglied auf dem Denkweg Heideggers zwischen der Veröffentlichung von 1927 und den „Beiträgen zur Philosophie", deren Plan in den Grundzügen seit dem Frühjahr 1932 feststand und deren Manuskript zwischen 1936 und 1938 als die erste Durchgestaltung des in sechs Fügungen gegliederten Ereignis-Denkens verfaßt wurde.

Das Mittelstück der hier vorgelegten Schrift wurde 1989 anläßlich der 100. Wiederkehr des Geburtstages Martin Heideggers an zwei Orten vorgetragen, zuerst in Chicago auf der von Herrn Professor Dr. John Sallis geleiteten „International Conference" an der Loyola University (21. bis 24. September) und anschließend in Moskau auf der von der Akademie der Wissenschaften der UdSSR unter der Leitung von Frau Prof. Dr. N.V. Motroschilowa abgehaltenen Heidegger-Konferenz (17. bis 19. Oktober).

***

Wenn diese Schrift Herrn Professor Dr. Dr. h.c. Max Müller zu seinem 85. Geburtstag gewidmet ist, so erinnert sich der Verfasser in Dankbarkeit an seine Studienjahre in Freiburg von 1957 bis 1961. In dieser Zeit waren es die Vorlesungen von Max Müller, in denen der Verfasser das zu hören bekam, was er sich vom Wechsel seines Studienortes von Berlin nach Freiburg erhofft hatte. Die Fragestellungen der beiden großen Freiburger phänomenologischen Denker Edmund Husserl und Martin Heidegger waren in Max Müllers Vorlesungen über Metaphysik stets gegenwärtig. Er verstand es meisterhaft, Husserl und Heidegger in den Gang der großen abendländisch-europäischen Philosophie von Platon und Aristoteles über Augustinus und Thomas v. Aquin zu Kant und Hegel hineinzustellen. Die Vorlesungen Max Müllers gehörten zu den anregendsten Lehrveranstaltungen dieser Studienjahre.

***

Herrn Dr. Hans-Helmuth Gander sage ich meinen herzlichen Dank für die hilfreiche und sorgfältige Mitarbeit beim Lesen der Korrekturen.

Freiburg i.Br. im Februar 1991   F.-W. v. Herrmann

HEIDEGGERS „GRUNDPROBLEME DER PHÄNOMENOLOGIE"
ZUR „ZWEITEN HÄLFTE" VON „SEIN UND ZEIT"

§ 1. Zur Entstehung beider Schriften

Die folgenden Ausführungen nehmen ihren Ausgang von jener Kennzeichnung der Marburger Vorlesung aus dem Sommersemester 1927 „Die Grundprobleme der Phänomenologie"[1], die diese in den Rang der entscheidenden Fortsetzung von „Sein und Zeit" (Erste Hälfte)[2] einsetzt. In der Vorlesungshandschrift findet sich rechts neben dem auf der linken Seitenhälfte stehenden Vorlesungstitel in den gleichen sorgfältigen Schriftzügen und mit roter Tinte geschrieben der Hinweis: „Neue Ausarbeitung des 3. Abschnitts des I. Teiles von ‚Sein und Zeit'". Dieser dritte Abschnitt „Zeit und Sein" ist der wichtigste Abschnitt der ganzen Abhandlung „Sein und Zeit", weil in ihm die Grundfrage dieser Abhandlung, die Frage nicht nur nach dem Sinn des Seins des Daseins, sondern nach dem Sinn von Sein überhaupt ihrer Beantwortung entgegengeführt wird.

In den Jahren 1922/23 hatte Heidegger mit den ersten Niederschriften zu „Sein und Zeit" begonnen. Für die fünf Jahre während Ausarbeitung dieses Werkes hatte er unterhalb seiner 1922 in Todtnauberg errichteten Skihütte in einem ihm befreundeten Bauernhause, dem Bühlhof, ein Zimmer im Altenteil gemietet, um sich vor dem Lärmen seiner beiden spielenden Buben zu schützen.

Über den Beginn und den Verlauf der Satz- und Druckarbeiten von „Sein und Zeit" erhalten wir zuverlässige Auskünfte aus Heideggers Briefen an Karl Jaspers während dieser Zeit[3]. In seinem Brief aus Todtnauberg vom 24. April 1926 teilt Heidegger Jaspers mit, er habe am 1. April den „Druck", d.h. den Fahnensatz, seiner Abhandlung „Sein und Zeit" begonnen. Doch zu diesem frühen Beginn der Drucklegungsarbeiten wäre es nicht ohne eine äußere Veranlassung gekommen. Durch den Weggang von Nicolai Hartmann nach Köln war in Marburg das erste Ordinariat freigeworden. Die Philosophische Fakultät hatte Heidegger unico loco als Nachfolger Nicolai Hartmanns beim Kultusministerium in Berlin vorgeschlagen. Um jedoch die Berufung zu sichern, war die Veröffentlichung eines geeigneten Manuskripts geboten.[4]

Aus der weitergehenden Mitteilung Heideggers in demselben Brief vom 24. April 1926, daß die Abhandlung ca. 34 Druckbogen umfasse (Briefwechsel, S. 62), geht hervor, daß Heidegger zu diesem Zeitpunkt noch daran dachte, „Sein und Zeit" als Ganzes – also noch nicht in zwei Hälften – zu veröffentlichen. 34 Druckbogen hätten 544 Druckseiten ergeben, während die 1927 erschienene „Erste Hälfte" knapp 28 Bogen mit 438 Seiten umfaßt. Das fragmentarisch erhalten gebliebene Fahnen- bzw. Korrekturexemplar von „Sein und Zeit", das Heidegger dem Verfasser dieser Schrift einst zum Geschenk gemacht hat, enthält die von Heidegger mit Bleistift eingetragenen Daten, an denen jeweils die Korrektur von meist 16 Fahnen abgeschlossen wurde. Das erste Korrekturdatum auf der Fahne 17 lautet „Todtnauberg 17. IV. 26".

In seinem Brief vom 31. Juli 1926 aus Marburg schreibt Heidegger an Jaspers, der Druck sei „bis Ende Juni gut fortgeschritten. Dann wuchs mir die Semesterarbeit über den Kopf, da ich den ganzen Examenskram an mir hängen habe.

Anfang Juni hat die Fakultät den 1. Teil meiner Arbeit in Reindruck in zwei Exemplaren dem Ministerium eingereicht" (a.a.O., S. 66). Der „1. Teil" ist, wie das Fahnenexemplar bezeugt, die „Einleitung" und der erste Abschnitt des ersten Teiles, die zusammen knapp 15 Druckbogen ergaben.

In seinem nächsten Brief an Jaspers aus Todtnauberg vom 4. Oktober 1926 heißt es dann im Anschluß an die Mitteilung aus dem letzten Brief: „Ich hatte Mitte des Sommersemesters den Druck sistiert und kam, als ich nach ganz kurzer Erholung wieder an die Arbeit ging, ins Umschreiben. Die Arbeit ist umfangreicher geworden, als ich dachte, so daß ich jetzt teilen muß auf je ungefähr 25 Bogen. Den Rest für den ersten Band muß ich bis 1. November abliefern" (a.a.O., S. 67). Anfang Juni lag der Reindruck sowohl der Einleitung „Die Exposition der Frage nach dem Sinn von Sein" wie auch des ersten Abschnittes „Die vorbereitende Fundamentalanalyse des Daseins" vor, was auch das Fahnenexemplar bestätigt. Der Fahnensatz des zweiten Abschnittes „Dasein und Zeitlichkeit" wurde bis Ende Juni fortgesetzt, dann aber von Heidegger wegen Arbeitsüberlastung unterbrochen. Nach dem Ende des Sommersemesters 1926 gönnte er sich nur eine „ganz kurze Erholung", um sich anschließend wieder der Arbeit an „Sein und Zeit" zu widmen. Wie wir aus dem soeben zitierten Brief vom 4. Oktober erfahren, kam Heidegger bei der Wiederaufnahme seiner Arbeit „ins Umschreiben". Das Umschreiben bezieht sich auf den Text des zweiten Abschnittes „Dasein und Zeitlichkeit". Weil aber zu diesem Zeitpunkt die „Einleitung" mit den Paragraphen 5 und 8, die über den systematischen Aufriß und die Hauptschritte der ganzen Abhandlung Auskunft geben, in derselben Fassung abgesetzt war und in Reindruck vorlag, in der die „Einleitung" 1927 innerhalb der Ersten Hälfte erschien, betrifft das „Umschreiben" nicht etwa die grundsätzliche Konzeption und das Grundgefüge von „Sein und Zeit".

Zugleich stellt sich für Heidegger heraus, daß „Sein und Zeit" in der textlichen Ausführung „umfangreicher geworden" ist, als er in seinem Brief vom 24. April noch gemeint hatte, worin er von ca. 34 Druckbogen sprach. Jetzt vermutet er, daß „Sein und Zeit" im ganzen, also beide vorgesehenen Teile zusammen ungefähr 50 Druckbogen (d.h. 800 Druckseiten) ergeben. Diese lassen sich jedoch nicht mehr in einem einzigen Band veröffentlichen, zumal für den VIII. Band von Husserls „Jahrbuch für Philosophie und phänomenologische Forschung" auch noch Abhandlungen anderer Autoren vorgesehen waren. Heidegger entschließt sich daher, die Veröffentlichung so zu teilen, daß jede der beiden Hälften ungefähr 25 Bogen umfaßt. In dieser Zeit also ist die Entscheidung getroffen worden, „Sein und Zeit" in zwei Hälften erscheinen zu lassen.

Heidegger läßt Jaspers zugleich wissen, daß er den Rest für den ersten Band bis zum 1. November abliefern müsse. Hier aber müssen wir uns die Frage stellen, woraus denn dieser „Rest" bestehen sollte. Hatte Heidegger etwa zu diesem Zeitpunkt noch geglaubt, er könne in der Ersten Hälfte alle drei Abschnitte des Ersten Teiles veröffentlichen? Oder enthielt die Entscheidung, die Veröffentlichung zu teilen, bereits den Entschluß, in der Ersten Hälfte nur die beiden ersten Abschnitte des Ersten Teiles unter Ausklammerung des dritten Abschnittes „Zeit und Sein" zu veröffentlichen?

Letzteres ist wohl zutreffend. Wenn Heidegger am 4. Oktober die Vermutung ausspricht, die Erste Hälfte werde ungefähr 25 Bogen betragen, während sie beim Erscheinen dann aus knapp 28 Bogen besteht, so geht doch daraus hervor, daß auch der dritte Abschnitt „Zeit und Sein" zur Zeit der Entscheidung für die Teilung bereits für die Zweite Hälfte vorgesehen war.

Am 26. Dezember 1926 schreibt Heidegger aus Marburg an Jaspers, daß er am 1. Januar zu ihm nach Heidelberg kommen werde. Gleichzeitig kündigt er ihm eine Postsendung mit den Druckbogen 17 und 18 an. Die übrigen Bogen 19 bis 23 werde er nach Heidelberg mitbringen, während die 4 letzten Bogen noch ausstehen (a.a.O., S. 72).

Aus seinem in Marburg geschriebenen Brief vom 1. März 1927 erfahren wir, daß die Druckerei wieder reichlich pausiert habe, so daß er „heute erst den letzten Bogen in der ersten Korrektur" wegschicken konnte (a.a.O., S. 73). Schließlich teilt er in seinem Brief aus Todtnauberg vom 18. April 1927 Jaspers mit, er habe den Verlag vor einiger Zeit verständigt, ihm ein Exemplar von „Sein und Zeit" zu schikken. Erst im April 1927 erschien mit einiger Verspätung im VIII. Band des von Edmund Husserl herausgegebenen „Jahrbuch für Philosophie und phänomenologische Forschung" und gleichzeitig als Sonderdruck „Sein und Zeit. Erste Hälfte".

Vom 1. bis zum 10. Januar 1927 weilte Heidegger zu Besuch und philosophischem Gespräch bei Jaspers in Heidelberg[5]. Wie angekündigt, hatte er die Korrekturbogen 19 bis 23 von „Sein und Zeit" für Jaspers mitgebracht. Bei diesen Bogen handelt es sich in der Hauptsache um das dritte und vierte Kapitel des zweiten Abschnittes, also um jene Paragraphen, die die Analysen zur existenzialen Zeitlichkeit des Daseins enthalten. An Hand dieser Korrekturbogen kam es zwischen Heidegger und Jaspers „zu lebhaften freundschaftlichen Auseinandersetzungen", in deren Verlauf Heidegger „klar wurde, daß die bis dahin erreichte Ausarbeitung" des dritten Abschnittes „Zeit und Sein", „dieses wichtigsten Abschnittes der ganzen Abhandlung unverständlich bleiben müsse"⁶. Zwar lagen die Druckfahnen oder gar Druckbogen von diesem Abschnitt noch nicht vor. Aber von den in den Druckbogen ausgeführten Analysen der existenzialen Zeitlichkeit des Daseins aus konnte Heidegger im Gespräch mit Jaspers versuchen, diesem mitzuteilen, wie der Aufweis der existenzialen Zeitlichkeit des Daseins die Voraussetzung dafür bildet, im dritten Abschnitt „Zeit und Sein" die ursprüngliche Zeit als den transzendentalen Horizont für die Beantwortung der Frage nach dem Sinn von Sein überhaupt zu explizieren. In diesen Gesprächen machte Heidegger von dem Gebrauch, was von ihm bereits im Manuskript von „Zeit und Sein" ausgearbeitet war. Doch während dieses Gespräches wurde ihm klar, daß die Weise, in der er diese Thematik bisher ausgearbeitet hatte, für den Leser unverständlich bleiben müsse. Deshalb entschloß er sich noch während seines Aufenthaltes bei Jaspers, diese erste Ausarbeitung von „Zeit und Sein" nicht zu veröffentlichen. Dieser Entschluß wurde von ihm an dem Tage gefaßt, als Jaspers und ihn die Nachricht vom Tode Rainer Maria Rilkes traf (ebd.).

Doch gleichzeitig war Heidegger der Meinung, den Gedankengang des dritten Abschnittes „Zeit und Sein" schon ein Jahr später in einer deutlicheren und verständlicheren Fassung vorlegen zu können (ebd.). Daher entschloß er sich, in der Vorlesung des bevorstehenden Sommersemesters 1927 eine „Neue Ausarbeitung des 3. Abschnittes des I. Teiles von ‚Sein und Zeit'" auf einem mehr geschichtlichen Wege in Angriff zu nehmen. Laut einer handschriftlichen Aufzeichnung Heideggers hat er die erste Ausarbeitung vernichtet.

Daß „Die Grundprobleme der Phänomenologie" aus dem Sommersemester 1927 nach der Vernichtung der ersten, für Heidegger unzureichend gebliebenen Ausarbeitung von „Zeit und Sein" nunmehr unter seinen Manuskripten allein den Rang des dritten Abschnittes des Ersten Teiles von „Sein und Zeit" einnehmen, geht auch aus zwei bedeutsamen Randbemerkungen in seinen Handexemplaren hervor, die in den Bänden 2 und 9 der Gesamtausgabe veröffentlicht sind. In seinem Handexemplar der zweiten Auflage von „Sein und Zeit" aus dem Jahre 1929, das von ihm selbst als „Hüttenexemplar" bezeichnet wurde (da er in ihm während seiner Aufenthalte auf der Todtnauberger Hütte gearbeitet hatte), finden sich zur Überschrift des Ersten Teiles zwei Randbemerkungen. Diese Überschrift ist so formuliert, daß ihre erste Hälfte „Die Interpretation des Daseins auf die Zeitlichkeit" die Thematik des ersten und des zweiten Abschnittes benennt. Hierzu lautet die Randbemerkung: „Nur dieses in diesem veröffentlichten Stück". Die zweite Hälfte der Überschrift „die Explikation der Zeit als des transzendentalen Horizontes der Frage nach dem Sein" bezieht sich auf die Thematik des dritten Abschnittes „Zeit und Sein". Hierzu vermerkt Heidegger: „Vgl. dazu Marburger Vorlesung SS 1927 (Die Grundprobleme der Phänomenologie)" (Sein und Zeit, a.a.O., S. 41).

In seinem Handexemplar der ersten Auflage von „Vom Wesen des Grundes" (1929) heißt es am Schluß einer längeren Randbemerkung, in der er sich auf die Vorlesung „Die Grundprobleme der Phänomenologie" bezieht: „Das Ganze der Vorlesung gehört zu ‚Sein und Zeit', I. Teil, 3. Abschnitt, Zeit und Sein'"[7].

Schließlich gibt es auch eine handschriftliche Aufstellung Heideggers: „Vorlesungen und Seminarübungen seit Erscheinen von ‚Sein und Zeit' (alle vollständig ausgearbeitet)". Zur Vorlesung vom Sommersemester 1927 „Die Grundprobleme der Phänomenologie" vermerkt er: „aus dem II. Teil von ‚Sein und Zeit'". Gemeint ist aber: aus der Zweiten Hälfte von „Sein und Zeit", die gemäß dem Aufriß von „Sein und Zeit" (§ 8, S. 39 f.) mit dem dritten Abschnitt des Ersten Teiles „Zeit und Sein" beginnen und darüberhinaus den Zweiten Teil „Grundzüge einer phänomenologischen Destruktion der Geschichte der Ontologie am Leitfaden der Problematik der Temporalität" umfassen sollte.

Die jetzt skizzierte Entstehungsgeschichte der Marburger Vorlesung vom Sommersemester 1927 „Die Grundprobleme der Phänomenologie", mit deren Veröffentlichung im November 1975 Heidegger das Erscheinen seiner Gesamtausgabe eröffnete, stellt uns vor die Frage: Inwiefern und inwieweit ist dieser von Heidegger selbst buchmäßig gegliederte Vorlesungstext eine *neue*, d.h. *zweite Ausarbeitung jenes wichtigsten Abschnittes* aus dem Ersten Teil von „Sein und Zeit", in dem die das Werk und die vorangehende existenzial-ontologische Daseinsanalytik leitende Hauptfrage nach dem Sinn von Sein überhaupt ihre Beantwortung finden soll?

Unsere Frage läßt sich nur klären, wenn wir über eine pauschale Angabe der Thematik von „Zeit und Sein" hinaus ein genaueres, differenzierteres Wissen darüber gewinnen können, wie diese Thematik durchgeführt werden sollte. Zwar liegt die von Heidegger nicht nur verworfene, sondern auch vernichtete erste Ausarbeitung nicht mehr vor, so daß wir sie selbst nicht mehr befragen können. Indessen enthält aber die veröffentlichte Erste Hälfte von „Sein und Zeit" genügend Vorverweisungen auf den Gedankengang des fraglichen Abschnittes „Zeit und Sein", die uns sehr wohl in die Lage versetzen, die Frage nach dem sachlichen Verhältnis der „Grundprobleme" zu „Sein und Zeit" und dem im § 8 von „Sein und Zeit" gegebenen systematischen Aufriß zu beantworten. Diese Vordeutungen entnehmen wir außer dem § 8 dem knappen Vorwort von „Sein und Zeit", sodann der Einleitung, deren Aufgabe die Exposition der Seinsfrage ist und deren § 5 einen Durchblick durch die Gedankenführung des Ersten Teiles mit seinen *drei* Abschnitten gibt, ferner der

Überschrift des Ersten Teiles und schließlich dem § 83, dem letzten Paragraphen des zweiten Abschnittes, dessen Inhalt überleitet zum dritten Abschnitt „Zeit und Sein".

Mit der Klärung der Frage nach dem sachlichen Bezug der „Grundprobleme" zu „Sein und Zeit" bezwecken wir die Gewinnung eines gegründeten Durchblicks durch die innere Systematik des fundamentalontologischen Ausarbeitungsweges der Seinsfrage. Nur aus der vollständigen und sicheren Beherrschung des systematischen Grundrisses der fundamentalontologisch angesetzten Seinsfrage vermögen wir dann auch den Übergang in den seinsgeschichtlichen Ausarbeitungsweg derselben Frage, wie er uns in den „Beiträgen zur Philosophie"[8] vorliegt, in zureichender Weise zu verstehen.

§ 2. Die Vordeutungen auf den dritten Abschnitt „Zeit und Sein" in der Ersten Hälfte von „Sein und Zeit"

a) Das Vorwort zu „Sein und Zeit" in seiner Hindeutung auf die Thematik von „Zeit und Sein"

In diesem Vorwort wird die Grundfrage der unter dem Titel „Sein und Zeit" stehenden Abhandlung sogleich genannt und durch Kursivdruck deutlich hervorgehoben als *die Frage nach dem Sinn von Sein*. Die Wendung „Sinn von Sein" besagt zunächst soviel wie: das Sein als Sein, das Sein als solches, das Sein selbst in seinem ihm eigenen Sinn – im Unterschied zur Frage nach dem Seienden als dem Seienden, d.h. nach dem Seienden in seinem Sein. Wenn die Frage nach dem Sinn von Sein erneut gestellt werden soll, dann sagt uns das „erneut", daß die hier zu stellende Frage an die überlieferte Fragestellung des Parmenides, Plato und Aristoteles anknüpft, jedoch in einer Art, in der die überlieferte Frageweise als Frage nach dem Seienden in seinem Sein verlassen wird zugunsten der ursprünglicheren Frage nach dem Sein als solchem.

Ferner teilt uns das Vorwort mit, daß die Absicht der folgenden Abhandlung die „konkrete Ausarbeitung der Frage nach dem Sinn von ‚*Sein*'" sei. Diese Absichtserklärung deutet vor auf die ganze Abhandlung in ihren zwei Teilen. Das Vorwort läßt uns wissen, daß das vorläufige Ziel der Abhandlung die „Interpretation der *Zeit* als des möglichen Horizontes eines jeden Seinsverständnisses überhaupt" sei. Das aber ist die Thematik des Ersten Teiles von „Sein und Zeit". In diesen beiden Sätzen aus dem Vorwort sind die Worte „Sein" und „Zeit" ebenfalls kursiv gesetzt, um den Leser hier schon darüber zu orientieren, wie der Titel „Sein und Zeit" zu verstehen sei: die Zeit als jener Horizont, innerhalb dessen Sein überhaupt verstanden wird. Wenn nach dem Sinn von Sein überhaupt gefragt wird, dann wird sich als dieser gesuchte Sinn die Zeit erweisen, auf die hin wir in jedem Verhalten zu Seiendem das Sein dieses Seienden im vorhinein verstehen. Beachtenswert ist, daß hier im Vorwort mit der ersten Nennung der Grundworte „Sein" und „Zeit" auch das wegweisende Grundwort „Seinsverständnis" eingeführt ist. Gefragt wird nach dem Sinn von Sein als solchem, als dieser Sinn soll die Zeit zum Aufweis gebracht werden, die Zeit als jener Horizont, auf den hin sich das Sein als das je und je verstandene eines jeden Seinsverständnisses zeithaft bestimmt. Damit ist bereits im Vorwort auf kürzestem Wege formal angezeigt, daß die Grundfrage von „Sein und Zeit" sich auf dem Wege ihrer Ausarbeitung kehrt in die Frage nach „Zeit und Sein", d.h. in die Frage, wie sich das Sein des Seinsverständnisses aus der horizontal verstandenen Zeit zeithaft bestimmt.

b) Die Überschrift des Ersten Teiles in ihrer Vordeutung auf die Thematik von „Zeit und Sein"

Diese Überschrift lautet: „Die Interpretation des Daseins auf die Zeitlichkeit und die Explikation der Zeit als des transzendentalen Horizontes der Frage nach dem Sein". Wie sich die in diesem Titel benannte Thematik auf die Gliederungseinheiten des Ersten Teiles verteilt, entnehmen wir dem im § 8 gegebenen „Aufriß der Abhandlung". Hier wird nur wiederholt, was im § 5 in einem ersten formal anzeigenden Durchblick deutlich gemacht wurde, daß sich die Ausarbeitung der Frage nach dem Sinn von Sein, d.h. der Seinsfrage, in zwei Aufgaben gabele, die die Abhandlung in zwei Teile gliedert. Nachdem hier erstmals der Titel des Ersten Teiles genannt ist, folgt darauf seine Gliederung in drei Abschnitte. Hier zeigt sich sogleich, daß die erste Hälfte der Überschrift vor dem verbindenden „und" jene Thematik zusammennimmt, die in den beiden ersten Abschnitten ihre Behandlung findet. Die „Interpretation des Daseins auf die Zeitlichkeit" erfolgt in zwei Schritten. Im ersten Schritt „Die vorbereitende Fundamentalanalyse des Daseins" wird mit Blick auf die leitende Frage nach dem Sinn von Sein das in seiner ihm eigensten Seinsweise als Seinsverständnis verfaßte Dasein in seinen die seinsverstehende Existenz konstituierenden existenzial-ontologischen Strukturen enthüllt. Diese in methodischer Hinsicht phänomenologisch vorgehende Enthüllung ist eine „Fundamentalanalyse", weil sie die fundamentalen, d.h. die wesenhaften Seinsstrukturen der seinsverstehenden Existenz freilegt. „Vorbereitend" aber ist sie, weil sie die ursprünglichste Auslegung des Seins des Daseins vorbereitet. Diese erfolgt im zweiten Abschnitt „Dasein und Zeitlichkeit". Denn hier wird der im ersten Abschnitt noch verhüllt gebliebene

Seinssinn des Daseins als dessen sich zeitigende Zeitlichkeit enthüllend zum Aufweis gebracht.

Allein, mit dem Aufweis der existenzialen Zeitlichkeit des Daseins als des Seinssinnes des Daseins ist nicht schon die leitende Frage nach dem Sinn von Sein überhaupt, also auch nach dem Sinn vom Sein alles nichtdaseinsmäßigen Seienden, beantwortet. Die Beantwortung dieser Grundfrage von „Sein und Zeit", der die existenzial-ontologische Analytik des Daseins in den beiden ersten Abschnitten dient, ist die Aufgabe des dritten Abschnittes, auf den die zweite Hälfte des Titels zum Ersten Teil nach dem verbindenden „und" vordeutet: „die Explikation der Zeit als des transzendentalen Horizontes der Frage nach dem Sein". Der schon im Vorwort genannte Horizont, die Zeit als Horizont, erhält jetzt die nähere Kennzeichnung als eines transzendentalen Horizontes. Das Adjektiv „transzendental" leitet sich her vom Substantiv der „Transzendenz" als dem Transzendieren, dem Übersteigen. Die Transzendenz in diesem Sinne ist die entscheidende Bestimmung der Existenz in ihrem seinsverstehenden Vollzug. Existierend hat das Dasein das Seiende, das es selbst ist, sowie dasjenige, das es selbst nicht ist, zu dem es sich aber in seinem Selbstsein wesenhaft verhält, je schon überstiegen auf die Erschlossenheit von Sein überhaupt bzw. vom Sein im Ganzen, um aus dieser existenzial-transzendental aufgeschlossenen Erschlossenheit von Sein auf das Seiende als das Seiende zurückzukommen.

Seinverstehend ist das Dasein in seiner Existenz und den sie bildenden Existenzialien, insofern in diesen und in ihrem Vollzug das Sein im Ganzen erschlossen, offen, gelichtet ist. Das Sein überhaupt als das Sein im Ganzen – das ist das Sein als Existenz sowie die mannigfaltigen Seinsweisen des nichtdaseinsmäßigen Seienden, die mit der Existenz und deren Vollzug erschlossen, gelichtet sind. Doch zur Transzendenz des Daseins gehört so etwas wie ein Horizont, weshalb dieser als transzendentaler Horizont bezeichnet werden kann. Der Horizont der seinverstehenden und darin transzendierenden Existenz des Daseins ist jener erschlossene Gesichtskreis, innerhalb dessen das Dasein das erschlossene, das gelichtete Sein versteht. Wenn nun aber dieser gelichtete Gesichtskreis für das daseinsmäßige Verstehen von Sein die Zeit ist, dann besagt das, daß das Dasein das erschlossene Sein aus dem Horizont der Zeit, also zeithaft versteht.

Die Zeit soll als der transzendentale Horizont expliziert werden, und zwar aus der zuvor genannten Zeitlichkeit des Daseins. Wenn das Dasein in seiner seinverstehenden Existenz transzendierend ist, dann gründet die Transzendenz ihrerseits in der Zeitlichkeit des Daseins, dann ist, anders gewendet, das Dasein im Vollzug, in der Zeitigung seiner Zeitlichkeit transzendierend. Und wenn das Dasein in seinem transzendierenden Vollzug offensteht in den erschlossenen Horizont der Zeit, dann ist diese der Horizont der existenzialen Zeitlichkeit. Die Zeit als Horizont gehört wesenhaft zur existenzialen Zeitlichkeit, so daß, nachdem erst einmal im zweiten Abschnitt die existenziale Zeitlichkeit enthüllt ist, im dritten Abschnitt aus der existenzialen oder transzendentalen Zeitlichkeit die Zeit als Horizont, die horizontale Zeitlichkeit expliziert, d.h. enthüllt werden kann. Die existenziale oder transzendentale Zeitlichkeit und die horizontale Zeit gehören in unzerreißbarer Weise zusammen und bilden in dieser Zusammengehörigkeit das Wesen der Zeit oder die ursprüngliche Zeit, deren Abkömmling die uns geläufige und am Jetzt orientierte Zeit ist, die Heidegger die vulgäre Zeit nennt.

c) Der § 5 der Einleitung in seiner Vordeutung auf den dritten Abschnitt „Zeit und Sein"

Da der § 5 der Einleitung in den Ersten Teil der Abhandlung einleitet und einen formalanzeigenden Durchblick durch die Hauptgedankenschritte aller drei Abschnitte gibt, nennt seine Überschrift in Entsprechung zur Überschrift des Ersten Teiles einerseits die Thematik der ersten beiden Abschnitte, die die Daseinsanalytik im engeren Sinne enthalten, und andererseits die Thematik des dritten Abschnittes „Zeit und Sein". Die in der Überschrift von § 5 genannte „ontologische Analytik des Daseins" entspricht in der Überschrift des Ersten Teiles der „Interpretation des Daseins auf die Zeitlichkeit". Ebenso entspricht aus der Überschrift zum § 5 die „Freilegung des Horizontes für eine Interpretation des Sinnes von Sein überhaupt" der in der Überschrift des Ersten Teiles genannten „Explikation der Zeit als des transzendentalen Horizontes der Frage nach dem Sein".

Die Absätze neun bis vierzehn des § 5 geben nun einen ersten, wenn auch nur formal anzeigenden Durchblick durch die Thematik des dritten Abschnittes „Zeit und Sein". Diesem Durchblick entnehmen wir den wichtigen Hinweis darauf, daß die in diesem dritten Abschnitt sich vollziehende Beantwortung der die Daseinsanalytik leitenden Frage nach dem Sinn von Sein überhaupt in *zwei* deutlich voneinander abgehobenen Schritten geschehen soll.

Die phänomenologische Enthüllung des Seinssinnes des Daseins als sich zeitigende Zeitlichkeit bildet den „Boden für die Gewinnung" (SuZ, S. 17) der Antwort auf die leitende Frage nach dem Sinn von Sein überhaupt und nicht nur vom Sein des Daseins. Die so formulierte Frage fragt auf dem Boden der Zeitlichkeit als des Sinnes vom Sein des Daseins nach dem Sinn vom Sein alles nichtdaseinsmäßigen Seienden, zu dem sich das Dasein auf dem Grunde seiner existenzialen-transzendentalen Zeitlichkeit verhält. Es kann sich zu diesem Seienden nur verhalten aus dem vorgängig verstandenen, d.h. in seinem Verstehen aufgeschlossenen, gelichteten Sein. Ist nun aber das Sein vom nichtdaseinsmäßigen Seienden nur aufgeschlossen und gelichtet im Vollzuge der sich zeitigenden Zeitlichkeit, dann ist mit der existenzialen Erschlossenheit der Existenz auch die horizontale Erschlossenheit und Gelichtetheit des Seins vom nichtdaseinsmäßigen Seienden zeithaft aufgeschlossen und gelichtet. Während die existenziale Erschlossenheit der Existenz zeitlich als Zeitlichkeit aufgeschlossen ist, ist die darin verstandene Erschlossenheit vom Sein des nichtdaseinsmäßigen Seienden zeithaft als Horizont der Zeit aufgeschlossen. Weil das Dasein in seinem Sein als Zeitlichkeit verstehend entrückt ist in die horizontal erschlossene Zeit, spricht Heidegger von der existenzialen oder transzendentalen als von der ekstatischen Zeitlichkeit. Im Ausgang von der im zweiten Abschnitt enthüllten ekstatischen Zeitlichkeit muß nun im dritten Abschnitt der zur Zeitlichkeit gehörende Horizont der Zeit „ans Licht gebracht" werden (ebd.).

Der *erste* der beiden Gedankenschritte innerhalb der Thematik von „Zeit und Sein" ist die „ursprüngliche Explikation der Zeit als Horizont des Seinsverständnisses aus der Zeitlichkeit als Sein des seinverstehenden Daseins" (ebd.). Anders gewendet, in diesem ersten und entscheidenden analytischen Schritt innerhalb des dritten Abschnittes wird die im zweiten Abschnitt freigelegte ekstatische Zeitlichkeit auf den zu ihr wesenhaft gehörenden Zeit-Horizont hin ergänzt. Die Enthüllung der in der ekstatischen Zeitlichkeit horizontal gezeitigten Zeit als des Horizontes für das Verstehen des Seins vom nichtdaseinsmäßigen Seienden ist der Gehalt des ersten Schrittes von „Zeit und Sein".

Der *zweite* Schritt, dessen formale Kennzeichnung mit dem elften Absatz beginnt, besteht darin, das Ergebnis des ersten Schrittes nun allererst fruchtbar werden zu lassen. Auf dem „Boden der ausgearbeiteten Frage nach dem Sinn von Sein" (a.a.O., S. 18), d.h. auf dem Boden der im ersten Schritt vollzogenen Explikation der Zeit als Horizont der ekstatischen Zeitlichkeit, müsse der zweite Schritt zeigen, „daß und wie im rechtgesehenen und recht explizierten Phänomen der Zeit die zentrale Problematik aller Ontologie verwurzelt" sei (ebd.).

Was aber heißt es nun, zu sehen, daß in dem aus der ekstatischen Zeitlichkeit enthüllten Phänomen der horizontalen Zeit die zentrale Problematik aller Ontologie verwurzelt sei? Auf diese Frage gibt der zwölfte Absatz Antwort. Sein soll „aus der Zeit begriffen werden" (ebd.). Nachdem nun aber schon im zweiten Abschnitt die dem Dasein eigenste, weil nur ihm eigene Seinsweise aus der ursprünglichen Zeit als aus der ekstatischen Zeitlichkeit begriffen ist, geht es jetzt darum, das Sein des nichtdaseinsmäßigen Seienden aus der ekstatisch-horizontalen Zeit zu begreifen.

Indessen ist das Sein des nichtdaseinsmäßigen Seienden nicht einförmig, sondern zeigt eine Mannigfaltigkeit von unterschiedlichen Seinsweisen, die Heidegger auch Modi nennt. Also geht es, wenn Sein aus der Zeit begriffen werden soll, darum, zu zeigen, daß und wie „die Modi und Derivate von Sein in ihren Modifikationen und Derivationen" aus dem Hinblick auf die in der ekstatischen Zeitlichkeit gezeigte horizontale Zeit verständlich werden. Außer den Modi des Seins (den Seinsweisen) unterscheidet Heidegger die Derivate von Sein. Das sind solche Seinsstrukturen, die sich als Abwandlungen der primären Seinsmodi ergeben. So ist es die Aufgabe des zweiten Schrittes innerhalb der Thematik von „Zeit und Sein", „das Sein selbst", d.h. die vielfältigen

Modi und Derivate des Seins vom nichtdaseinsmäßigen Seienden, in ihrem „zeitlichen" Charakter sichtbar zu machen.

Wichtig ist aber die Betonung, das „Sein selbst", d.h. das Sein als solches, habe einen ihm eigenen „zeitlichen" Charakter. Weil dieser sich aus der ursprünglichen Zeit als der Einheit von ekstatischer Zeitlichkeit und horizontaler Zeit bestimmt, kann „zeitlich" in bezug auf das Sein als solches nicht die Bedeutung von „in der Zeit seiend" haben. Das In-der-Zeit-seiend nennt die Weise, wie Seiendes in der Zeit ist. Das In-der-Zeit-sein, die Innerzeitigkeit des Seienden, entspringt ihrerseits der ursprünglichen Zeit, aus der das Sein als solches seinen zeitlichen Sinn empfängt.

In bezug auf die „ursprüngliche Sinnbestimmtheit des Seins", d.h. des Seins als solchen vom nichtdaseinsmäßigen Seienden, „und seiner Charaktere und Modi" aus der ekstatisch-horizontalen Zeit spricht Heidegger von der *„temporalen* Bestimmtheit" (a.a.O., S. 19). Während die lateinische Wortbildung zur terminologischen Kennzeichnung des horizontalen Zeitphänomens dient, wird die Sinnbestimmtheit der Existenz und ihrer Modi aus dem ekstatischen Zeitphänomen, d.h. aus der Zeitlichkeit, in der deutschen Wortbildung als zeitliche Sinnbestimmtheit gefaßt. Somit wird terminologisch und damit zugleich sachlich unterschieden zwischen der „zeitlichen Interpretation" (a.a.O., S. 378) des Daseins in seinem Sein und der temporalen Interpretation des Seins als solchen vom nichtdaseinsmäßigen Seienden. Der zweite Schritt innerhalb des dritten Abschnittes „Zeit und Sein" steht somit unter dem Titel der „Herausarbeitung der *Temporalität des Seins*" (a.a.O., S. 19).

d) Der § 83 des zweiten Abschnittes als Überleitung zum dritten Abschnitt „Zeit und Sein"

Der Titel dieses Paragraphen nennt ähnlich wie der Titel des Paragraphen 5 und der des Ersten Teiles einerseits die Thematik der ersten beiden Abschnitte und andererseits die Thematik des dritten Abschnitts vom Ersten Teil. „Die existenzial-zeitliche Analytik des Daseins" bezieht sich auf den ersten und zweiten Abschnitt. Die nach dem verbindenden „und" genannte „fundamental-ontologische Frage nach dem Sinn von Sein überhaupt" zielt auf die Thematik des dritten Abschnittes. Gleich im ersten Absatz wird betont, daß die in den ersten beiden Abschnitten erfolgte „Herausstellung der Seinsverfassung des Daseins" nicht um ihrer selbst willen geschah, sondern nur ein *Weg* bleibe, dessen *Ziel* „die Ausarbeitung der Seinsfrage überhaupt" sei (a.a.O., S. 436).

Die alles entscheidende Aufgabe, die sich auf dem Boden des am Ende des zweiten Abschnitts Erreichten für den bevorstehenden dritten Abschnitt stellt, wird im letzten Absatz des § 83 wegweisend angezeigt. Als erstes versichert sich die Abhandlung dessen, was sie auf dem Wege der Daseinsanalytik bereits in bezug auf die Fundamentalfrage nach dem Sinn von Sein überhaupt gewonnen hat. Sie hat phänomenologisch zum Aufweis gebracht, daß „,Sein' [...] erschlossen [ist] im Seinsverständnis" (a.a.O., S. 437). Damit, daß sie überhaupt und erstmals in der Geschichte der Frage nach dem Sein das Grundphänomen der Erschlossenheit bzw. der Lichtung als die dem Sein eigene Enthülltheit bzw. Wahrheit (Unverborgenheit) in das Blickfeld des Denkens gerückt hat, hat sie nicht mehr nur, wie die Tradition, das Sein am Seienden, sondern das Sein als solches sichtbar werden lassen.

Erschlossen, aufgeschlossen ist „Sein" im Seinsverständnis des Daseins. Das „Verstehen" aus dem „Seins-verständnis" gehört als eine fundamentale Seinsweise des existierenden Daseins zu diesem selbst. Die Daseinsanalytik hat gezeigt, daß dieses „Verstehen" die Struktur des geworfenen Entwurfs hat. Sein überhaupt, Sein im Ganzen, ist aufgeschlossen im Vollzug des geworfenen Entwerfens. Aus der Vielfältigkeit der Seinsweisen, die die Einheit des Begriffes von Sein überhaupt einschließt, wurden auf dem Wege der Daseinsanalytik primär die Seinsweisen der Existenz und des Mitdaseins und mit diesen zumal die nichtdaseinsmäßigen Seinsweisen der Zuhandenheit und Vorhandenheit thematisiert, während die Seinsweisen des Lebens und des Bestandes (des idealen Seienden) nur benannt und gestreift werden. Die existenzial-transzendental aufgeschlossene Erschlossenheit von Sein „ermöglicht, daß sich das Dasein als existierendes In-der-Welt-sein *zu Seiendem*" verhalten kann. In bezug auf das daseinsmäßige Verhalten zu Seiendem ist die Erschlossenheit des Seins als solchen von diesem Seienden „vorgängig" und „unbegrifflich", d.h. zugleich unausdrücklich-unthematisch. Das Seiende aber, zu dem sich das Dasein aus seiner ihm selbst verhüllt bleibenden existenzialen Erschlossenheit vom Sein im Ganzen verhält, ist sowohl das ihm innerweltlich begegnende, das zuhandene, vorhandene oder lebendige Seiende, wie auch das Seiende, das es als existierendes selbst und nicht selbst (der Andere) ist.

Das Verstehen von Sein als verstandenem und das heißt als erschlossenem vollzieht sich wie alles daseinsmäßige Verstehen in der Weise des geworfenen Entwurfs. Nicht nur das erschließende Verstehen des Daseins als In-der-Welt-sein, sondern auch das erschließende Verstehen vom Sein des nichtdaseinsmäßigen Seienden ist als geworfenes Entwerfen daseinsmäßig nur möglich aus der „ursprünglichen Seinsverfassung" des Daseins, aus dessen ekstatischer Zeitlichkeit (ebd.). Daher besteht der erste entscheidende Schritt im dritten Abschnitt „Zeit und Sein" darin, „eine ursprüngliche Zeitigungsweise der ekstatischen Zeitlichkeit selbst" phänomenologisch freizulegen. Diese aber muß sich als eine solche Zeitigungsweise zeigen, die „den ekstatischen Entwurf von Sein überhaupt" ermöglicht (ebd.), d.h. den Horizont der Zeit, die horizontale Zeit, zeitigt und das Sein des nichtdaseinsmäßigen Seienden temporal entwirft, also aufschließt. Es muß somit gezeigt werden, wie „ein Weg von der ursprünglichen *Zeit*", von der ekstatischen Zeitlichkeit, „zum Sinn des *Seins*" führt, d.h. aber, wie sich die ursprüngliche Zeit selbst hinsichtlich ihres Horizontphänomens als jener Horizont erweist, aus dem alle Seinscharaktere und Seinsmodi mit deren Derivaten ihren temporalen Sinn empfangen.

§ 3. „Die Grundprobleme der Phänomenologie" als zweite Ausarbeitung des dritten Abschnittes „Zeit und Sein"

Daß es sich bei dem Text, der den Titel trägt „Die Grundprobleme der Phänomenologie", um die Untersuchung der Thematik von „Zeit und Sein" handelt, geht unzweideutig aus der Erläuterung des Titels im § 4 der Einleitung hervor. Der „Gesamtbestand der Grundprobleme der Phänomenologie in ihrer Systematik und Begründung" ist „die Diskussion der Grundfrage nach dem Sinn von Sein überhaupt und der aus ihr entspringenden Probleme" (GPh, S. 21). Damit sind jene beiden Hauptschritte in der Ausarbeitung der Thematik von „Zeit und Sein" benannt, die wir im Durchgang durch die einschlägigen Textstellen in „Sein und Zeit" unterschieden haben.

Die Diskussion der Grundfrage nach dem Sinn von Sein

überhaupt im engeren Sinne ist der erste Schritt, die phänomenologische Explikation der horizontalen Zeit aus der ekstatischen Zeitlichkeit.

Die aus der Grundfrage entspringenden Probleme sind eine Verdeutlichung dessen, was in „Sein und Zeit" lediglich andeutungsweise als die temporale Interpretation der Charaktere, Modi und Derivate des Seins als solchen vom nichtdaseinsmäßigen Seienden benannt wurde. In diesen knappen Vordeutungen auf den dritten Abschnitt blieb noch ungesagt, daß sich die Abhandlung, um die Charaktere, Modi und Derivate des Seins temporal aus dem Horizont der ursprünglichen Zeit interpretieren zu können, dafür allererst der Struktur, der Charaktere und der Modi in einem systematischen Umriß versichern muß. Diese Versicherung gehört wesentlich zum zweiten Schritt in der Thematik von „Zeit und Sein" und führt zu der Einsicht, daß die aus der Grundfrage nach dem Sinn von Sein überhaupt entspringenden Grundprobleme vier an der Zahl sind.

Wir müssen aber hier schon sagen, daß die genannte Diskussion der Grundfrage und der aus ihr entspringenden vier Grundprobleme das Kernstück von „Zeit und Sein" bilden, und zwar nicht nur der zweiten, sondern bereits der ersten Ausarbeitung. Dieses Kernstück ist im Aufriß der in drei Teile gegliederten Vorlesung dem zweiten Teil vorbehalten, der den Titel trägt „Die fundamentalontologische Frage nach dem Sinn von Sein überhaupt. Die Grundstrukturen und Grundweisen des Seins" (a.a.O., S. 32 u. S. 321). Wir dürfen davon ausgehen, daß in der ersten und dann verworfenen Ausarbeitung von „Zeit und Sein" die Beantwortung der Grundfrage durch die Explikation der horizontalen Zeit aus der ekstatischen Zeitlichkeit und die temporale Behandlung der vier Grundprobleme auf direktem Wege und im unmittelbaren Anschluß an die systematischen Analysen des zweiten Abschnitts erfolgt waren.

Demgegenüber zeigt sich in der zweiten Ausarbeitung eine bedeutsame Abweichung. Gleich im § 1 der Einleitung erfahren wir, daß wir zu den Grundproblemen der Phänomenologie nicht auf direktem Weg, „sondern auf dem Umwege einer *Erörterung bestimmter Einzelprobleme*" gelangen (a.a.O., S. 1). Bei diesen handelt es sich um „charakteristische Thesen über das Sein, die im Verlauf der abendländischen Geschichte der Philosophie seit der Antike ausgesprochen worden sind" (a.a.O., S. 20). Deren „spezifisch sachlicher Gehalt" soll „kritisch diskutiert werden, so daß wir von da zu den oben genannten Grundproblemen der Wissenschaft vom Sein überleiten" (ebd.).

Aus den geschichtlich überlieferten Thesen über das Sein sollen die Grundprobleme der phänomenologischen Wissenschaft vom Sein als solchem „herausgeschält" und in ihrem „systematischen Zusammenhang" bestimmt werden (a.a.O., S. 1). Das ist der Gehalt des ersten Teiles der Vorlesung, der die Überschrift trägt „Phänomenologisch-kritische Diskussion einiger traditioneller Thesen über das Sein" (a.a.O., S. 32 u. 35). Der Vorteil dieses von Heidegger als Umweg bezeichneten Zugangs zu den vier Grundproblemen und der Grundfrage besteht darin, daß wir sehen, daß und wie die Grundfrage nach dem Sein als solchem und dessen Sinn sowie die aus ihr entspringenden vier Grundprobleme aus einer Radikalisierung, d.h. aus einer ursprünglicheren Wiederholung der überlieferten Metaphysik und Ontologie erwachsen.

Der im § 6 der Einleitung gegebene „Aufriß der Vorlesung" verzeichnet nun aber auch noch einen dritten Teil mit der Überschrift „Die wissenschaftliche Methode der Ontologie und die Idee der Phänomenologie" (a.a.O., S. 32). Hier soll aus dem Thema der Phänomenologie, dem Sein als solchem in seiner Struktur, seinen Charakteren und Modi, und aus der Art, wie die Phänomenologie ihr Thema behandelt, die Idee, d.h. der Begriff der Phänomenologie entwickelt werden (a.a.O., S. 1 u. 3). So, wie der erste und der zweite Teil in vier Kapitel gegliedert sind, so ist auch für den dritten Teil eine Viergliederung vorgesehen. Nach vollzogener Daseinsanalytik und Beantwortung der sie leitenden Grundfrage sowie der aus ihr entspringenden vier Grundprobleme kann nunmehr eine Besinnung erfolgen auf „das ontische Fundament der Ontologie und die Analytik des Daseins als Fundamentalontologie", auf die „Apriorität des Seins und die Möglichkeit und Struktur der apriorischen Erkenntnis", auf die „Grundstücke der phänomenologischen Methode: Reduktion, Konstruktion, Destruktion" und auf die „phänomenologische Ontologie und de[n] Begriff der Philosophie" (a.a.O., S. 33). Ein Beleg aus dem zweiten Abschnitt von „Sein und Zeit" stellt es außer Zweifel, daß auch der Gehalt dieses dritten Teiles, die abschließende Besinnung auf die Idee der Phänomenologie, zum Themenbereich der ersten Ausarbeitung von „Zeit und Sein" gehört hat (vgl. SuZ, S. 357). Denn wie es gar nicht anders möglich ist, kann im Methoden-Paragraphen aus der Einleitung von „Sein und Zeit" vorerst nur der „Vorbegriff der Phänomenologie" erörtert und gegeben werden (SuZ, S. 34). Als Vorbegriff ist er der vorläufige Begriff, der auf den später erst zu gebenden vollständigen Begriff der Phänomenologie vordeutet. Dieser vollständige Begriff wird auch als Idee der Phänomenologie bezeichnet.

a) Die Beantwortung der Grundfrage nach dem Sinn von Sein überhaupt

Die vier geschichtlichen Thesen über das Sein (Sein ist kein reales Prädikat, zur Seinsverfassung eines Seienden gehören essentia und existentia, die Grundweisen des Seins sind das Sein des Geistes und das Sein der Natur, das Sein der Kopula) sind unterschiedliche Thesen über das Seiende in seinem Sein, sind also metaphysische Thesen. In jeder dieser Thesen liegt jedoch ein fundamentalontologisches Grundproblem, d.h. ein Grundproblem des Seins als solchen, verborgen. Die so verborgenen Grundprobleme können aber nur enthüllt und ausgearbeitet werden, wenn zuvor „die *Fundamentalfrage* aller Wissenschaft vom Sein gestellt und beantwortet" wird, „*die Frage nach dem Sinn von Sein überhaupt*" (GPh, S. 20 f.). Die kritische Interpretation einer jeden der vier überlieferten Thesen führt jeweils zu einer ersten formalen Anzeige des fundamentalontologischen Grundproblems.

Die Besinnung auf den Weg, der nunmehr im zweiten Teil der Vorlesung für die Diskussion jener Grundfrage und der aus ihr entspringenden Grundprobleme einzuschlagen ist, ist ohne Unterschied dieselbe, wie wir sie aus „Sein und Zeit" kennen. Sein als solches und mit ihm der erfragte Sinn ist gegeben in unserem Verstehen von Sein, im Seinsverständnis des Seienden, das wir selbst sind und das aufgrund seines Seinsverständnisses „Dasein" genannt wird. Das im Verstehen aufgeschlossene Sein ermöglicht dem Dasein seine Verhaltungen zu Seiendem, das es selbst und das es nicht selbst ist. Das Verstehen von Sein hat „die Seinsart des menschlichen Daseins", ist die Weise, wie das Dasein in seinem Sein verfaßt ist (a.a.O., S. 21). Nur wenn die Seinsverfassung und Seinsstruktur des seinverstehenden Daseins enthüllt und bestimmt wird, besteht Aussicht, „das zum Dasein gehörende

Seinsverständnis in seiner Struktur zu begreifen" (ebd.). Nur aus der ursprünglichsten Aufhellung der Seinsstruktur des Daseins können die beiden zusammengehörenden Fragen bezüglich des Verstehens von Sein gestellt und beantwortet werden.

Die erste Frage lautet: Was macht das Verstehen von Sein überhaupt *als das Verstehen* möglich? Die zweite Frage hält danach Ausschau, *von wo aus,* d.h. „aus welchem vorgegebenen Horizont her" das Dasein Sein versteht. Die fundamentalontologische Analytik, d.h. Enthüllung des Seinsverständnisses, fragt somit sowohl nach dem *daseinsmäßigen Verstehen* wie nach dem im Verstehen verstandenen Sein bzw. nach der *Verstehbarkeit* von Sein.

Diese knappe Weg-Besinnung führt zu der Einsicht, daß die Frage nach dem Sinn von Sein überhaupt, also die Analytik des Seinsverständnisses des Daseins, „eine daraufhin geordnete Analytik des Daseins" voraussetzt. Diese müsse als erstes die Grundverfassung des Daseins herausstellen (als Sorge, erster Abschnitt von „Sein und Zeit") und anschließend den Sinn des Seins des Daseins als Zeitlichkeit freilegen (zweiter Abschnitt von „Sein und Zeit").

Auf diese Vergegenwärtigung der zwei Teilaufgaben der Daseinsanalytik folgt die entscheidende Besinnung auf den Weg, der im *Übergang von der Daseinsanalytik zur Beantwortung der Grundfrage nach dem Sinn von Sein überhaupt* unter dem Titel „Zeit und Sein" einzuschlagen ist. Die ekstatische Zeitlichkeit ist der Seinssinn des Daseins. Zum Sein, zur Seinsverfassung des Daseins gehört wesenhaft das Verstehen von Sein. Also ist auch das Verstehen von Sein als zum Sein des Daseins gehörig aus dessen Seinssinn, aus der Zeitlichkeit ermöglicht. Das Verstehen von Sein als ein geworfenes Entwerfen vollzieht sich als eine *ursprüngliche Zeitigungsweise* der ekstatischen Zeitlichkeit. Allein, das sich zeitigende Verstehen ist nicht ohne das in ihm verstandene Sein. Somit ist nicht nur das Verstehen zeitlich bestimmt, sondern auch das in ihm verstandene Sein als solches vom nichtdaseinsmäßigen Seienden, zu dem das Dasein sich je und je verhält, muß an ihm selbst zeithaft bestimmt sein. „Hieraus erwächst die Aussicht auf eine mögliche Bewährung der These: Der Horizont, aus dem her dergleichen wie Sein überhaupt verständlich wird, ist die Zeit" (a.a.O., S. 22). Die Zeit als Horizont gehört zur ekstatischen Zeitlichkeit, und zwar insofern, als sich dieser Zeit-Horizont in der Zeitigung der ekstatischen Zeitlichkeit aufschließt bzw. lichtet. Auch hier wird die fundamentalontologische Interpretation des Seins als solchen aus der Zeit als *temporale* Interpretation gekennzeichnet.

Damit ist der Weg für den entscheidenden zweiten Teil der Vorlesung vorgezeichnet, in dem als erstes die *Grundfrage* durch den Aufweis der zur ekstatischen Zeitlichkeit gehörenden *horizontalen Zeit* beantwortet wird und als zweites die *vier Grundprobleme als Probleme der Temporalität* erörtert werden sollen.

Werfen wir nun einen Blick auf die Gliederung des zweiten Teiles, wie sie im § 6 vorentworfen ist, dann stellen wir fest, daß die vier Kapitel den vier Grundproblemen zugeordnet sind. Wir vermissen aber ein eigenes Kapitel für die vor den vier Grundproblemen zu beantwortende Grundfrage. Das erste Kapitel ist sogleich überschrieben „Das Problem der ontologischen Differenz" (a.a.O., S. 33 u. 322). Doch wenn wir genauer hinsehen, dann zeigt sich uns, daß in den §§ 19 bis 21 nicht schon die ontologische Differenz, sondern, wie angekündigt, die fundamentalontologische Frage nach dem Sinn von Sein überhaupt ausgearbeitet und beantwortet wird. Erst im letzten Paragraphen dieses Kapitels, im § 22, wird das Grundproblem der ontologischen Differenz als ein Grundproblem der Temporalität des Seins erörtert.

Wir können davon ausgehen, daß die *erste Ausarbeitung* von „Zeit und Sein" *direkt* an die analytischen Ergebnisse des zweiten Abschnitts von „Sein und Zeit" anschloß. Da im zweiten Abschnitt die ekstatische Zeitlichkeit in ihren möglichen Zeitigungsweisen enthüllt war, konnte der dritte Abschnitt direkt zur Ausführung jener Aufgabe übergehen, die am Ende des § 83 formuliert wurde: die Enthüllung jener ursprünglichen Zeitigungsweise der ekstatischen Zeitlichkeit, die Sein überhaupt auf die horizontale Zeit entwirft.

Doch die *zweite Ausarbeitung* wählt nicht den unmittelbaren Weg. Zum Eigentümlichen ihrer Vorgehensweise gehört auch, daß sie, beginnend schon im ersten Teil und sich fortsetzend im zweiten Teil, Hauptstücke aus der Daseinsanalytik entfaltet, jene nämlich, die für die Beantwortung der Grundfrage unumgänglich sind. Mit anderen Worten, die Ausführung der Thematik von „Zeit und Sein" geschieht unter gleichzeitiger Erarbeitung wesentlicher Stücke aus der Daseinsanalytik der ersten beiden Abschnitte von „Sein und Zeit". Diese Vorgehensweise hat den Vorteil, daß sie nicht die Kenntnis der Ersten Hälfte von „Sein und Zeit" voraussetzt. Bei den Hörern dieser Vorlesung konnte auch die Aneignung dieser Ersten Hälfte nicht vorausgesetzt werden, da diese soeben erst erschienen war.

Um im ersten Kapitel des zweiten Teiles zunächst die fundamentalontologische Frage nach dem Sinn von Sein überhaupt beantworten zu können, muß allererst die ekstatische Zeitlichkeit enthüllt und in den Gedankengang eingeführt werden. Hierfür wählt Heidegger einen beachtenswerten Weg, beachtenswert deshalb, weil es nicht der Weg aus dem zweiten Abschnitt von „Sein und Zeit" ist, sondern dessen Umkehrung. In „Dasein und Zeitlichkeit" geht Heidegger den Weg von der Sorge zur Zeitlichkeit als der ursprünglichen Zeit, um dann zu zeigen, wie dieser die uns sonst allein vertraute Zeit, die vulgäre Jetzt-Zeit, entspringt. Zu Beginn des zweiten Teiles der „Grundprobleme" geht Heidegger den umgekehrten Weg, ausgehend von der maßgebenden begrifflichen Bestimmung der vulgären Zeit durch Aristoteles und von hier aus schrittweise zurückgehend in den Ursprungsbereich der ekstatischen Zeitlichkeit. Diesen Weg beschreitet er in den §§ 19 und 20.

Gegen Ende des § 20 geht er dann über zur phänomenologischen Explikation der Zeit als Horizont des Seinsverständnisses aus der ekstatischen Zeitlichkeit. Der Horizont der ursprünglichen Zeit wird eingeführt durch die Blickwendung darauf, daß „die Ekstasen der Zeitlichkeit (Zukunft, Gewesenheit, Gegenwart) nicht einfach Entrückungen zu..., nicht Entrückungen gleichsam in das Nichts" sind, sondern daß sie „als Entrückungen zu ... aufgrund ihres jeweiligen ekstatischen Charakters einen aus dem Modus der Entrükkung, d.h. aus dem Modus der Zukunft, Gewesenheit und Gegenwart vorgezeichneten und *zur Ekstase selbst gehörigen Horizont*" haben (a.a.O., S. 428 f.). Dieses Wozu der Entrückung, das Wohin der Ekstase, wird bezeichnet als „Horizont" oder als „das horizontale Schema der Ekstase" (a.a.O., S. 429). Der ekstatischen Einheit der Ekstasen der Zeitlichkeit entspricht „eine solche ihrer horizontalen Schemata" (ebd.). Deshalb wird nun nicht mehr nur von der ekstatischen, sondern von der ekstatisch-horizontalen Zeitlichkeit gesprochen. Das Transzendieren des Daseins ermöglicht sein Verstehen von Sein. Wenn nun aber das Transzendieren „in der ekstatisch-horizontalen Verfassung der Zeitlichkeit gründet", dann ist diese die Bedingung der Möglichkeit sowohl des *Verstehens* von Sein als auch des *Seins selbst als des verstandenen*, d.h. erschlossenen, gelichteten Seins (ebd.). Mit dieser Einsicht schließt der § 20 „Zeitlichkeit und Temporalität".

Im folgenden § 21 „Temporalität und Sein" kann nunmehr

in einer ersten und grundsätzlichen Weise aufgezeigt werden, wie die ekstatisch-horizontale Einheit der Zeitlichkeit das Sein als solches vom nichtdaseinsmäßigen Seienden temporal entwirft. Gleich zu Beginn wird betont, daß die Temporalität „die ursprünglichste Zeitigung der Zeitlichkeit als solcher" ist, die ursprünglichste innerhalb eines reich gegliederten Ursprungsgefälles. In diesem Sinne war auch im § 83 von „Sein und Zeit" die Rede von einer „ursprünglichen Zeitigungsweise der Zeitlichkeit" (SuZ, S. 437). Im Sinne der grundsätzlichen Beantwortung der Grundfrage gibt der § 21 eine *„temporale Interpretation des Seins des zunächst Vorhandenen*, der Zuhandenheit", und zeigt „exemplarisch mit Rücksicht auf die Transzendenz, wie das Seinsverständnis temporal möglich ist" (GPh, S. 431). Dasjenige Seiende, dessen Sein als Zuhandenheit auf den Horizont der ursprünglichen Zeit entworfen wird, begegnet dem Dasein im besorgenden Umgang mit ihm. Dieser Umgang selbst hat eine eigene Zeitlichkeit, das behaltend-gewärtigende Gegenwärtigen. Aber nicht diese Zeitlichkeit selbst, sondern die *ursprünglichere Zeitlichkeit* des den besorgenden Umgang ermöglichenden *Seinsverstehens* ist es, die die Zuhandenheit des besorgten Seienden temporal entwirft und d.h. aufschließt.

Wie jede Zeitigungsweise der Zeitlichkeit, so ist auch die ursprüngliche Zeitigungsweise der Zeitlichkeit, die das Seinsverständnis ermöglicht, die Einheit von drei Ekstasen der Zukunft, Gewesenheit und Gegenwart. Für den temporalen Entwurf der Zuhandenheit ist die Ekstase des Gegenwärtigens ausschlaggebend. Die Entrückungsrichtung dieser Ekstase geht in den ihr eigenen *Horizont der Praesenz*. Hier folgen die entscheidenden Sätze: „Was über die Ekstase als solche aufgrund ihres Entrückungscharakters und von ihm bestimmt über sie hinaus liegt, genauer, was das *Wohin des ‚über sich hinaus'* als solches überhaupt bestimmt, ist die

Praesenz als Horizont. Praesenz ist nicht identisch mit Gegenwart, sondern als *Grundbestimmung des horizontalen Schemas dieser Ekstase* macht sie die volle Zeitstruktur der Gegenwart mit aus. Das Entsprechende gilt von den beiden anderen Ekstasen, Zukunft und Gewesenheit" (a.a.O., S. 435). Die Ekstase der Gegenwart entwirft in Einheit mit den Ekstasen der Zukunft und Gewesenheit die Zuhandenheit als solche auf den Horizont der Praesenz. Indem das Sein des innerweltlich begegnenden Seienden *praesential* entworfen ist, ist es *temporal* verstanden. So kann Heidegger den Grundsatz aussprechen: „Sein verstehen wir demnach aus dem ursprünglichen Schema der Ekstasen der Zeitlichkeit" (a.a.O., S. 436).

b) Das erste Grundproblem:
Die ontologische Differenz von Sein und Seiendem

Von den vier Grundproblemen der Phänomenologie bzw. der phänomenologischen Fundamentalontologie hieß es, daß sie der Fundamentalfrage entspringen. Wie entspringt das erste Grundproblem, die *ontologische Differenz,* der Grundfrage? Inwiefern ist dieses Grundproblem das erste unter den vier Grundproblemen?

Die Fundamentalontologie ist die philosophische Wissenschaft vom Sein als solchem, nicht etwa nur vom Seienden als solchem. Sein als solches ist aber dennoch Sein von Seiendem. Aber selbst nichts Seiendes ist das Sein wesensmäßig vom Seienden *unterschieden*. Deshalb sprechen wir auch vom Sein *selbst*. Als das vom Seienden unterschiedene Sein bestimmt es jedoch das Seiende *als* ein Seiendes. Ohne das Sein wäre das Seiende nicht als ein solches offenbar und verständlich. Daher ist zu fragen, wie der Unterschied von Sein und Seiendem zu fassen sei, ferner, wie die Möglichkeit dieses

Unterschiedes zu begründen sei. Zur begrifflichen Klärung des Unterschiedes von Sein und Seiendem gehört aber auch die Bestimmung dessen, wie das vom Seienden unterschiedene Sein dennoch zum Seienden gehört, wie es das Seiende als ein solches offenbar macht. Erst wenn wir den Unterschied von Sein und Seiendem eindeutig und durchsichtig vollziehen, ist das Thema der Fundamentalontologie, das Sein als solches und in seinem Sinn, gewonnen.

Damit ist aber auch schon die Begründung dafür, inwiefern die ontologische Differenz von Sein und Seiendem das erste Grundproblem ist, gegeben. Nur wenn der Unterschied von Sein und Seiendem grundlegend geklärt ist, können die drei anderen Grundprobleme, die alle das Sein als solches betreffen, erörtert werden. In dem wichtigen § 4 aus der Einleitung, der unter dem Titel „Die vier Thesen über das Sein und die Grundprobleme der Phänomenologie" eine formale Anzeige der Grundfrage und der aus ihr entspringenden vier Grundprobleme gibt, wird die Klärung der ontologischen Differenz davon abhängig gemacht, daß zuvor der Sinn von Sein überhaupt ausdrücklich ans Licht gebracht, d.h. daß gezeigt wird, wie die ekstatisch-horizontale Zeitlichkeit die Unterscheidbarkeit von Sein und Seiendem ermöglicht (vgl. a.a.O., S. 22 f.).

Die dort gestellte Aufgabe wird im § 22 aufgelöst. Das Dasein versteht in seinem Existenzvollzug Sein, verhält sich aus diesem Seinsverständnis zu Seiendem und erfährt darin dieses *als* Seiendes. Der Unterschied von Sein und Seiendem ist als unausdrücklich gewußter im Existenzvollzug des Daseins aufgebrochen. Als unausdrückliches Verstehen von Sein als Sein des Seienden, zu dem sich das Dasein existierend verhält, hat der Unterschied von Sein und Seiendem „die Seinsart des Daseins" (a.a.O., S. 454). Die Seinsweise der Existenz läßt sich daher auch so kennzeichnen: „„im Vollzug dieses Unterschiedes sein'" (ebd.). Weil nun aber das Existieren sich als Sichzeitigen der ekstatisch-horizontalen Zeitlichkeit vollzieht, ist auch der Unterschied von Sein und Seiendem in der Zeitigung der Zeitlichkeit gezeigt. Das Unterscheiden von Sein und Seiendem vollzieht sich in und mit der Zeitigung der ekstatisch-horizontalen Zeitlichkeit, in der die Erschlossenheit von Sein als diejenige von Existenz und Zuhandenheit *ekstatisch-zeitlich* und *horizontal-temporal* aufgeschlossen ist, so, daß in der Erschlossenheit des praesential entworfenen Zuhandenseins Seiendes als Zuhandenes entdeckbar wird. Der Unterschied von Sein und Seiendem ist dann der Unterschied zwischen der Erschlossenheit der temporal bestimmten Zuhandenheit und der Entdecktheit des zuhandenen Seienden als des gegenwärtigten.

Wichtig ist der Hinweis darauf, daß der Unterschied nur deshalb, weil er sich auf dem Grunde der Zeitlichkeit und mit dieser je schon zeitigt, „eigens und ausdrücklich gewußt und als gewußter befragt und als befragter untersucht und als untersuchter begriffen werden" kann (ebd.). Nur insofern als der Unterschied von Sein und Seiendem immer schon vorontologisch „latent in der Existenz des Daseins" da ist, d.h. im Dasein enthüllt ist, kann er überhaupt ausdrücklich gemacht und thematisiert werden. Weil in dieser philosophierenden Thematisierung das Sein „mögliches Thema eines Begreifens (Logos) wird", wird der ausdrücklich vollzogene Unterschied von Sein und Seiendem die ontologische Differenz genannt (ebd.).

c) Das zweite Grundproblem: Die Grundartikulation im Sein

Das erste Grundproblem, die ontologische Differenz von Sein und Seiendem, wird im ersten Teil der Vorlesung aus der These Kants, daß Sein kein reales Prädikat sei, herausgeschält. Das zweite Grundproblem wird aus der kritischen Durchsprache jener mittelalterlichen, auf Aristoteles zurückgehenden ontologischen These herausgearbeitet, die besagt, daß zur Seinsverfassung eines jeden Seienden das Was-sein (essentia) und das Vorhandensein (existentia) gehören. Indessen ist zum Bedauern aller derjenigen, die an einer vollständigen Ausarbeitung der Fundamentalontologie und der unter „Zeit und Sein" stehenden Thematik interessiert sind, die Feststellung zu treffen, daß uns auch die *zweite Ausarbeitung* von „Zeit und Sein" nicht vollständig vorliegt, daß vor allem die Ausführung des zweiten, dritten und vierten Grundproblems fehlt. Ein äußerer Grund hierfür ist das Ende des Semesters. Dennoch können wir die *Grundzüge* dieser ausstehenden Bearbeitung der *drei weiteren Grundprobleme* zum einen dem genannten § 4 und zum anderen den ihnen entsprechenden Kapiteln aus dem ersten Teil entnehmen. Dort ist es jeweils vor allem der dritte Paragraph, der in einer phänomenologischen Kritik am Unzureichenden der überlieferten These das fundamentalontologische Grundproblem im Ansatz herausschält. Auf diesem Weg gewinnen wir einen Durchblick durch die drei weiteren Grundprobleme und somit dennoch ein Verständnis von der *inneren Systematik* der aus der Grundfrage entspringenden vier Grundprobleme der phänomenologischen Fundamentalontologie.

Vor allem die mittelalterliche Ontologie hat mit ihrer Lehre von der distinctio realis, modalis oder rationis die These ausgesprochen, daß zu jedem Seienden sein Wassein (essentia) und eine Seinsart (existentia) gehören. Dabei hat sie Wassein und Vorhandensein (Wirklichsein) als Seinscharaktere des Seienden verstanden. Zugleich tritt diese These mit einem universalontologischen Anspruch auf: *jedes*

Seiende, d.h. unter Einschluß des Menschen. Diese These hat die mittelalterliche Ontologie dogmatisch ausgesprochen; sie hat zwar die distinctio als solche ausführlichst bedacht, aber sie hat nicht nach ihrem möglichen Ursprung gefragt.

Diese Ursprungs-Frage führt zum zweiten fundamentalontologischen Grundproblem. Seine Ausarbeitung zeigt, daß *Was-sein* und *Weise-zu-sein* in einem weit gefaßten Sinne zum Sein selbst gehören, daß somit das Sein als solches (und nicht nur das Sein am Seienden) „seinem Wesen nach artikuliert" ist durch jene beiden Seinsbestimmungen (a.a.O., S. 24). Wenn nun aber das Sein als solches als das Sein des nichtdaseinsmäßigen Seienden temporal aufgeschlossen ist, muß aus dem bereits enthüllten Sinn von Sein selbst, aus dem temporalen Horizont, begründet werden, „warum jedes Seiende ein Was, ein τί, und eine mögliche Weise zu sein haben muß und haben kann" (ebd.). Das Problem der Grundartikulation des Seins ist die „Frage nach der notwendigen *Zusammengehörigkeit von Was-sein und Weise-zu-sein* und der *Zugehörigkeit beider in ihrer Einheit zur Idee des Seins überhaupt*" (ebd.).

Vor allem aber muß die überlieferte universalontologische These von der Gliederung des Seins eines Seienden in Wassein und Vorhanden-sein *eingeschränkt* und *modifiziert* werden. Einschränkung und Modifikation richten sich jedoch nicht gegen die Gliederung des Seins als solchen, sondern gegen die dogmatische Behauptung, daß es nur eine Seinsweise bzw. Seinsart für alles Seiende gibt, nämlich die existentia, daß sich alles Seiende nur durch sein Wassein von anderem Seienden, nicht aber durch seine Seinsart unterscheidet (vgl. hierzu und zum folgenden a.a.O., S. 168 ff.).

Als erstes fällt aus der universal formulierten These der Überlieferung dasjenige Seiende heraus, dessen Seinsweise nicht die existentia, sondern die seinverstehende Existenz ist. Diese dem Dasein eigenste Seinsweise ist es nun auch, die es nicht zuläßt, daß zur ontologischen Verfassung des Daseins so etwas wie Sachheit (realitas) oder Washeit (quidditas, essentia) gehört. Die Seinsweise der Existenz zeichnet für das Dasein keine Washeit, sondern die *Werheit* vor. *Wer* jeweils das Dasein ist, das bestimmt sich aus der Weise, wie es sich in seinem Sein zu diesem seinem Sein verhält. Die Artikulation des Seins des Daseins ist niemals die in essentia und existentia, sondern die Gliederung in *Existenz und Werheit*.

Die überlieferte These von der distinctio des Seins in essentia und existentia behält nun nicht etwa ihre Geltung für alles nichtdaseinsmäßige Seiende. Die nötige Einschränkung und Modifikation erstreckt sich auch noch auf das nichtdaseinsmäßige Seiende, weil auch dieses nicht durchgängig und gleichförmig Vorhandenes in seinem jeweiligen Wassein ist. Die existentia ist auch nicht die einzige Seinsweise des nichtdaseinsmäßigen Seienden, sondern *nur eine von mehreren*. Und weil die Seinsweise das entsprechende Wassein eines Seienden vorzeichnet, ist es nur die Seinsweise der *Vorhandenheit* (existentia), die als Washeit die *Dinglichkeit* vorzeichnet. Demgegenüber zeichnet die Seinsweise der *Zuhandenheit* als Washeit dasjenige vor, was Heidegger die *Bewandtnis* nennt. Eine dritte Seinsweise des nichtdaseinsmäßigen Seienden ist das *Leben*, das die eigenständige Washeit des lebendigen Seienden vorzeichnet, eine Washeit, die weder als Dinglichkeit noch als Bewandtnis gefaßt werden kann. Und schließlich benennt Heidegger als vierte Seinsweise von nichtdaseinsmäßigem Seienden „*Bestand*" und „*Beständigkeit*", die die Seinsweise von geometrischen und arithmetischen Verhältnissen sind. Auch diese Seinsweise zeichnet eine eigenständige Washeit dieses Seienden vor.

Das traditionelle Problem der distinctio, das fundamentalontologisch zum Problem der Grundartikulation des Seins verwandelt wird, wird als dieses Grundproblem zu einem sehr komplexen Problem. Denn in der Grundartikulation im Sein als solchem geht es nunmehr um die Gliederung einerseits in Existenz und Mitdasein, Zuhandenheit, Vorhandenheit, Leben und Bestand und andererseits in Werheit, Bewandtnis, Dinglichkeit und Washeit des Lebendigen sowie des Beständigen.

Das zweite Grundproblem ist jedoch nur dann verstanden, wenn es in seinem *Zusammenhang* mit dem ersten begriffen wird. Das Problem der Grundartikulation des Seins „ist nur eine speziellere Frage, die die ontologische Differenz überhaupt betrifft" (a.a.O., S. 170). Sein ist in seinem Unterschied zum Seienden nicht einfach, sondern artikuliert, aber artikuliert nicht nur in einer einzigen, sondern in einer vielfachen Weise. Die mit der jeweiligen Seinsweise variierende Artikulation nimmt mit ihrem Artikulierten am Unterschied von Sein und Seiendem und somit an der ontologischen Differenz teil. Alles, was zur Artikulation im Sein gehört, muß aus der ontologischen Differenz von Sein und Seiendem gedacht werden.

d) Das dritte Grundproblem: Die Modifikationen des Seins und die Einheit seiner Vielfältigkeit

Das dritte Grundproblem wird aus einer kritischen Diskussion der zentralen These der neuzeitlichen, mit Descartes einsetzenden Ontologie herausgeschält. Dieser These gemäß sind die Grundweisen des Seins die res cogitans, das Sein des Geistes, und die res extensa, das Sein der Natur. In der Skizzierung des zweiten Grundproblems mußten wir schon auf einen Teilgehalt des dritten Grundproblems, nämlich auf die Vielfältigkeit der Seinsweisen, vorgreifen. Die Exposition dieses Grundproblems geht davon aus, daß jedes Seiende außer seiner Washeit, die jetzt nur mitthematisch ist, eine Weise-zu-sein hat. Im dritten Grundproblem geht es um die *systematische fundamentalontologische Thematisierung der Seinsweisen*.

Die Tradition sagt, daß die Weise-zu-sein für alles Seiende denselben Charakter hat. Die fundamentalontologische Kritik dieser These bringt demgegenüber eine Vielfältigkeit von unterschiedlichen Seinsweisen zum Aufweis. Insbesondere enthüllt sie die dem Menschen eigenste und als solche unvergleichliche Seinsweise der seinverstehenden Existenz.

Auf den ersten Blick hin scheint es nun aber, als ob es bereits die neuzeitliche Ontologie Descartes' und Kants gewesen ist, die diesen Unterschied zwischen der Seinsweise des Geistes und der Person einerseits und der Natur und der Sache andererseits erstmals herausgestellt hat. Doch bei näherem Hinsehen zeigt sich, daß jener Unterschied kein Unterschied der Seinsweisen im strengen Sinne, sondern ein Unterschied in der Washeit des Seienden ist. Auch die neuzeitliche Ontologie kennt nur eine Seinsweise, das Vorhandensein, und auf diesem Grunde unterscheidet sie zwischen res cogitans und res extensa, zwischen Person und Sache.

Wenn es aber mehrere Seinsweisen gibt, so muß gefragt werden, welches die Grundweisen des Seins sind. Ferner muß gefragt werden, wie „die Vielfältigkeit der Seinsweisen möglich" und wie sie „aus dem Sinn des Seins überhaupt verständlich" ist (a.a.O., S. 24). Und schließlich drängt sich die Frage auf, wie „trotz der Vielfältigkeit der Seinsweisen von einem einheitlichen Begriff des Seins überhaupt gesprochen werden" kann (ebd.).

Wie wir schon im Zusammenhang des zweiten Grundproblems gesehen haben, unterscheidet Heidegger insgesamt fünf bzw. sechs Grundweisen des Seins: Existenz, Mitdasein,

Zuhandenheit, Vorhandenheit, Leben, Bestand. Mitdasein meint als *Seinsweise* nicht den mitdaseienden Anderen, sondern die Seinsweise des Anderen. Mitdasein ist als Seinsweise nicht nur eine Abwandlung meiner eigenen Seinsweise, der Existenz, sondern ist eine eigene, unableitbare Seinsweise, aufgrund deren der Andere mir als der Fremde begegnet.

Die traditionelle Scheidung des Seienden in res cogitans (Person) und res extensa (Sache) ist eine solche „am Leitfaden eines übergreifenden Seinsbegriffes", wonach Sein soviel wie Vorhandenheit bedeutet (a.a.O., S. 250). Der radikale Unterschied zwischen der Seinsverfassung des Daseins und derjenigen des nichtdaseinsmäßigen Seienden wird erst durch die fundamentalontologische Unterscheidung zwischen den *Seinsweisen* der Existenz und der Vorhandenheit (im weiten Sinne) enthüllt. Die Seinsweise des Daseins und die Seinsweisen des nichtdaseinsmäßigen Seienden erweisen sich nun aber „als so disparat, daß es zunächst scheint, als seien beide Weisen des Seins unvergleichbar und nicht bestimmbar aus einem einheitlichen Begriff des Seins überhaupt" (ebd.). Gefragt wird nach „der Einheit des Seinsbegriffes in Beziehung auf eine mögliche Mannigfaltigkeit von Weisen des Seins" (ebd.). Weil uns die Ausführung des dritten Grundproblems nicht vorliegt, ist die Frage nach der Einheit des Seinsbegriffs nicht beantwortet. Doch aus dem ganzen Duktus der fundamentalontologischen Fragestellung und Gedankenführung können wir unsererseits diese Frage beantworten. Die Einheit des Seinsbegriffes ist gegeben in der Einheit des Sinnes von Sein überhaupt, d.h. in der Einheit der ekstatisch-zeitlichen und horizontal-temporalen Erschlossenheit oder Lichtung von Sein überhaupt.

e) Das vierte Grundproblem:
Der Wahrheitscharakter des Seins

Das vierte Grundproblem wird aus einer kritischen Diskussion der zur Logik und ihrer Geschichte seit Aristoteles gehörenden These über das Sein der Kopula gewonnen. In der Aussage S ist P liegt das „ist", das S und P verbindet. Jeder so verfaßte apophantische Logos ist entweder wahr oder falsch. Daraus geht hervor, daß das Wahrsein oder Unwahrsein in einem Zusammenhang mit dem Sein der Kopula steht. Die Logik kennt den Zusammenhang von Sein und Wahrheit nur in dieser mehrfach fundierten Gestalt.

Aber diese Gestalt kann als Ausgang dienen für die Gewinnung des fundamentalontologischen Problems, das im *Wahrheitscharakter des Seins als solchen* beruht. Das Aufzeigen der prädikativen Aussage ist ein prädikatives Entdecken des Seienden, das als solches in einem vorprädikativen, primären Entdecken dieses Seienden fundiert ist. Das Wahrsein der Aussage ist prädikative Wahrheit, die in der vorprädikativen Wahrheit des Seienden, d.h. in dessen vorprädikativer Enthülltheit, gründet. Das vorprädikative Entdecken des Seienden gründet seinerseits im Verstehen des Seins des zu entdeckenden Seienden. In diesem Verstehen ist das Sein erschlossen. Die zur Existenz des Daseins gehörende Erschlossenheit von Sein ist es, die das primäre Entdecken von Seiendem und die Entdecktheit bzw. Wahrheit dieses Seienden ermöglicht. Die *Erschlossenheit selbst* aber ist das *ursprünglichste Phänomen der Wahrheit*. In der Erschlossenheit als der Wahrheit (Unverborgenheit) des Seins gründet die Entdecktheit als die Wahrheit (Unverborgenheit) des Seienden, die ihrerseits die prädikative Wahrheit der Aussage fundiert.

Zum Sein gehört die ihm eigene Wahrheit als Enthülltheit, als Unverborgenheit. So muß gesagt werden: „Sein gibt es nur, wenn Erschlossenheit ist, d.h. wenn Wahrheit ist" (a.a.O., S. 25). Aber Wahrheit als Enthülltheit von Sein ist nur, „wenn ein Seiendes existiert, das aufschließt, d.h. erschließt" (ebd.). Dieses Aufschließen gehört „zur Seinsart dieses Seienden" (ebd.), es gehört zum geworfenen Entwurf und der ekstatisch-horizontalen Zeitlichkeit des Daseins. Sein „‚gibt es' [...] nur, wenn Wahrheit existiert, d.h. wenn das Dasein existiert" (a.a.O., S. 317). Denn nur mit dem Dasein ist die Erschlossenheit ekstatisch-horizontal aufgeschlossen, in der allein es Sein gibt. Sein gibt es nicht ohne die ihm eigene Erschlossenheit, nicht ohne seine Enthülltheit oder Wahrheit. Das bedeutet dann: „Sein und Wahrheit [sind] wesenhaft aufeinander bezogen" (a.a.O., S. 318). Weil aber die Erschlossenheit ekstatisch-zeitlich und horizontal-temporal aufgeschlossen ist, ist die Wahrheit des Seins selbst zeithaft verfaßt.

In der letzten Marburger Vorlesung vom Sommersemester 1928 „Metaphysische Anfangsgründe der Logik im Ausgang von Leibniz" streift Heidegger noch einmal auf wenigen Seiten den systematischen Zusammenhang der Seinsfrage und der zu ihr gehörenden Grundprobleme oder Grundfragen: „Die Universalisierung des Seinsproblems positiv zu entwickeln, heißt zeigen, welche unter sich zusammenhängenden Grundfragen die Seinsfrage überhaupt in sich schließt. Was ist mit dem einfachen Titel ‚Sein' an Grundproblemen gemeint, wenn nach Sein und Zeit gefragt wird?"[9] Im Anschluß an diese Frage stellt Heidegger die vier Grundprobleme in ihrem Problemgehalt heraus, so, wie sie in „Die Grundprobleme der Phänomenologie" entfaltet werden.

§ 4. Fundamentalontologie und Metontologie

„Die Grundprobleme der Phänomenologie", die zweite und einzige erhaltene transzendental-horizontale Ausarbeitung von „Zeit und Sein", müssen von jedem, der sich in die Thematik von „Sein und Zeit" einarbeitet, als jener dritte Abschnitt des ersten Teiles gelesen werden, auf den die 1927 erschienenen beiden ersten Abschnitte zugehen. „Die vorbereitende Fundamentalanalyse des Daseins" und „Dasein und Zeitlichkeit" wurden von Heidegger im leitenden Vorblick auf die Thematik von „Zeit und Sein" ausgearbeitet. Von dem im Vorblick Stehenden bestimmten sich Ansatz und Durchführung der Daseinsanalytik. In diesem Sinne heißt es im § 5 aus der Einleitung in „Sein und Zeit": „Die so gefaßte Analytik des Daseins bleibt ganz auf die leitende Aufgabe der Ausarbeitung der Seinsfrage orientiert. Dadurch bestimmen sich ihre Grenzen" (SuZ, a.a.O., S. 17). Die Auswahl der Daseinsphänomene und die Schrittfolge der existenzial-ontologischen Analytik erhalten ihre Führung aus dem Vorblick auf die unter dem Titel „Zeit und Sein" zu behandelnde Frage nach dem Sinn von Sein überhaupt und die zu ihr gehörenden Grundfragen.

Während für das überlieferte Fragen nach Sein ebenso wie nach Wahrheit, Welt, Zeit, Raum das Wesen des Menschen als das sprach- und vernunftbegabte Sinnenwesen die Blickbahn und den Leitfaden abgab, bedarf es, um jene Grundfragen der Philosophie ursprünglicher auszuarbeiten, auch der Gewinnung eines entsprechend *ursprünglicheren Leitfadens*. Nicht das sprach- und vernunftbegabte Sinnenwesen, sondern das seinverstehende Dasein muß als neuer Leitfaden ausgearbeitet werden, soll die Frage nach dem Sein ursprünglicher angesetzt werden denn als Frage nach dem Seienden in seinem Sein (Seiendheit). Darin besteht die Aufgabe der existenzial-ontologischen

Daseinsanalytik. Um dieser Aufgabe gerecht zu werden, bedarf es keiner vollständigen Ontologie des Daseins, keiner vollständigen existenzial-ontologischen Thematisierung aller Daseinsfelder und Daseinsphänomene. Gefordert ist aber eine Analytik jener fundamentalen existenzialen Strukturen, die für das Dasein in seiner Auszeichnung, das seinverstehende Seiende zu sein, konstitutiv sind.

Eine vollständige Ontologie des Daseins folgt erst auf die Fundamentalontologie. Von diesem Zusammenhang handelt unter anderem die letzte Marburger Vorlesung. Die Fundamentalontologie als das Ganze der Grundlegung und Ausarbeitung der Ontologie – heißt es dort – ist „1. Analytik des Daseins [= 1. und 2. Abschnitt des ersten Teiles von „Sein und Zeit"] und 2. Analytik der Temporalität des Seins [3. Abschnitt]" (Metaphysische Anfangsgründe der Logik, a.a.O., S. 201). Von der temporalen Analytik des 3. Abschnittes heißt es ferner, sie führe zur „Kehre, in der die Ontologie selbst [Fundamentalontologie] in die metaphysische Ontik [...] ausdrücklich zurückläuft" (ebd.). Die „Kehre" ist das Kehren, der Umschlag (μεταβολή) der Fundamentalontologie in die metaphysische Ontik, die Heidegger deshalb *Metontologie* nennt (a.a.O., S. 199). Die metaphysische Ontik ist keine bloße Ontik, sondern die auf dem Grunde der durchgeführten Fundamentalontologie erfolgende Metaphysik des Seienden im Ganzen, d.h. der mannigfaltigen Bereiche des Seienden. Was Heidegger *nach* der Durchführung der Fundamentalontologie als Metontologie bezeichnet, kennzeichnete er *vor* deren Durchführung im § 3 der Einleitung in „Sein und Zeit" als regionale Ontologien der Regionen des Seienden. Metaphysische Ontik oder Metontologie heißt, „das Seiende im Lichte der Ontologie [Fundamentalontologie] in seiner Totalität zum Thema [...] machen (a.a.O., S. 200).

Zur Metontologie des Seienden im Ganzen gehört nun

auch die Metontologie des Daseins oder die „Metaphysik der Existenz" (a.a.O., S. 199). In diesem Zusammenhang vermerkt Heidegger, daß sich hier erst die „Frage der Ethik" stellen lasse (ebd.). Damit wird nun aber deutlich: Alles, was man immer wieder mit Bedauern in „Sein und Zeit" vermißt, eine Ethik oder eine Philosophie des Politischen und der menschlichen Gemeinschaftsformen und anderes mehr, hat seinen systematischen Ort nicht in der zur Fundamentalontologie gehörenden Daseinsanalytik, sondern in der Metontologie oder Metaphysik der Existenz. Eine Vervollständigung der in den beiden ersten Abschnitten von „Sein und Zeit" lediglich in fundamentalontologischer Absicht durchgeführten und von daher begrenzten Ontologie des Daseins hätte im Lichte der ausgearbeiteten Fundamentalontologie das Dasein im ganzen seiner verschiedenen Existenzfelder zu untersuchen.

Es genügt jedoch nicht, „Die Grundprobleme der Phänomenologie" nur als Fortsetzung dessen zu lesen, was 1927 aus den Untersuchungen von „Sein und Zeit" zur Veröffentlichung kam. Umgekehrt ist es für ein zureichendes Verständnis der *fundamentalontologisch* durchgeführten Daseinsanalytik unumgänglich, deren Analysen nunmehr aus der Kenntnis der in den „Grundproblemen" ausgeführten Thematik von „Zeit und Sein" auslegend zu durchdringen. Stellt man sich dieser Aufgabe, dann ist man gehalten, sich in jedem Kapitel des ersten und zweiten Abschnittes der Daseinsanalytik zu fragen, welche Bedeutung es für die in „Zeit und Sein" zu behandelnde Thematik habe. Aus der Kenntnis dieser Thematik läßt sich dann zeigen, wie die Fundamentalfrage und die aus ihr entspringenden vier Grundfragen bereits in der Daseinsanalytik ansatzweise ihre Behandlung erfahren, so, daß sie anschließend unter dem Titel „Zeit und Sein" systematisch in Angriff genommen werden können.

Nur diese Lesart der Daseinsanalytik aus „Sein und Zeit" hält sie von dem fatalen Anschein frei, in ihr gehe es um eine bloße Ontologie oder gar Anthropologie des Daseins, um eine Existenzphilosophie. Alles, was sich sonst und zurecht Existenzphilosophie nennt, angefangen bei Karl Jaspers, bleibt orientiert am überlieferten Leitfaden für das philosophische Fragen, an der Wesensbestimmung des Menschen als des durch Vernunft ausgezeichneten Lebewesens.

So, wie es für das zureichende Verständnis einer jeden philosophischen Schrift erforderlich ist, diese im ganzen auch aus ihrem Ende her, auf das sie zuläuft, zu lesen, so müssen auch „Die vorbereitende Fundamentalanalyse des Daseins" und „Dasein und Zeitlichkeit" von „Zeit und Sein" her zur Auslegung gelangen. Seit dem Erscheinen der „Grundprobleme" im Spätherbst 1975 waren daher alle Leser von „Sein und Zeit" aufgerufen, die aus „Sein und Zeit" allein mitgeteilte fundamentalontologisch ausgerichtete Daseinsanalytik neu und nunmehr im Lichte der Ausarbeitung von „Zeit und Sein" zu durchdenken. Erst dann rücken die Analysen der Daseinsanalytik in jenes Licht, in dessen Leuchtkraft diese Analysen einst von Heidegger ausgeführt wurden.

§ 5. „Die Grundprobleme der Phänomenologie"
und
das Ereignis-Denken

Nur ein gründliches Studium nicht allein der fundamentalontologischen Daseinsanalytik als solcher, sondern des systematischen Grundrisses der Fundamentalontologie im ganzen setzt uns dann auch in den Stand, Heideggers Übergang aus dem transzendental-horizontalen in den seinsgeschichtlichen Ansatz der Seinsfrage und der zu ihr gehörenden philosophischen Grundfragen in der erforderlichen Weise nachzuvollziehen. In diesem Übergang werden nun nicht etwa die *Fragen* und *Themen* der Fundamentalontologie und Metontologie aufgegeben zugunsten eines Anderen und Neuen. Weder werden die *Einsichten* der Daseinsanalytik noch werden die zu „Zeit und Sein" gehörenden *Grundfragen* verabschiedet. Was sich wandelt, sind nicht so sehr die Fragen und Einsichten als solche, sondern ist die bislang eingenommene *transzendental-horizontale Blickbahn*, in der die Daseinsanalytik durchgeführt und die Grundfragen ausgearbeitet wurden.

Der *Übergang von der transzendental-horizontalen Blickbahn in die seinsgeschichtliche Blickbahn des Ereignis-Denkens* erfolgt aus der Einsicht, in der der Bezug von Sein und Dasein noch ursprünglicher erfahren und gefaßt wird, als dieses schon auf dem ersten Ausarbeitungsweg der Seinsfrage geschehen war. Diese das Ereignis-Denken auslösende Einsicht ist der alles entscheidende Einblick in die *Kehre,* als welche sich das Bezugs-Verhältnis von Sein und Dasein nunmehr für das Denken zeigt. Zu dieser phänomenologischen Erfahrung kommt es, wenn gesehen wird, daß der geworfene Entwurf von Sein als Anwesen in seiner temporalen Erschlossenheit *ereigneter Entwurf ist aus dem ereignenden Zuwurf der Wahrheit des Seins*. Die Kehre ist der *Gegenschwung* von ereignetem Entwurf und ereignendem Zuwurf (Beiträge, S. 239, 251, 261). Hier ist das vom *transzendierenden geworfenen Entwurf horizontal* entworfene Sein (Anwesen) zurückgenommen in dessen Herkunft aus dem ereignenden Zuwurf (vgl. SuZ, S. 39 Randbemerkung). Die zum Wesen als zur Wesung der Wahrheit des Seins als Ereignis gehörende Kehre, der Gegenschwung von ereignendem Zuwurf und ereignetem Entwurf, darf aber nicht verwechselt werden mit der Kehre als dem Umschlag der Fundamentalontologie in die Metontologie.

Das Ereignis-Denken ist das seinsgeschichtliche Denken in dem Sinne, wie Heidegger es erstmals in den „Beiträgen zur Philosophie" faßt: „Das Er-eignis ist die ursprüngliche Geschichte selbst, womit angedeutet sein könnte, daß hier überhaupt das Wesen des Seyns ‚geschichtlich' begriffen wird" (Beiträge, S. 32). Dieser weiter gefaßte Begriff der Geschichtlichkeit des Seins muß freilich unterschieden werden von jenem späteren und engeren Gebrauch, wonach die Geschichte des Seins die Geschichte der Metaphysik als Geschichte des Seinsentzuges und der Seinsvergessenheit ist (vgl. u.a. Zur Sache des Denkens, S. 44)[10].

Man ist gewohnt, das die transzendental-horizontale Blickbahn verlassende Denken Heideggers nach „Sein und Zeit" als das Denken nach der Kehre zu bezeichnen. Diese Redeweise ist aber höchst mißverständlich. Denn in ihr ist die Meinung leitend, hier habe sich das Denken gekehrt, die Kehre gehe vom Denken aus. Doch wie nun die „Beiträge zur Philosophie" als Heideggers erste umfassende, sechsfach gefügte Durchgestaltung des Ereignis-Denkens in eindeutiger und unmißverständlicher Weise zeigen, nennt das von Heidegger in seinem „Brief über den Humanismus"[11] erstmals in einer Veröffentlichung verwendete Wort von der „Kehre" einen Sachverhalt, der nicht primär das Denken, sondern den Bezug der Wahrheit des Seins zum seinsverstehenden Dasein und das Verhältnis des Daseins zur Wahrheit des Seins charakterisiert. In diesem Sinne schrieb Heidegger 1962 in seinem Brief an Pater William J. Richardson: „Die Kehre ist in erster Linie nicht ein Vorgang im fragenden Denken; sie gehört in den durch die Titel ‚Sein und Zeit', ‚Zeit und Sein' genannten Sachverhalt selbst. [...] Die Kehre spielt im Sachverhalt selbst. Sie ist weder von mir erfunden, noch betrifft sie nur mein Denken" (a.a.O., S. 400)[12]. Die geschichtliche Wesung der Wahrheit des Seins in ihrer Zusammengehörigkeit mit dem in der Wahrheit des Seins innestehenden, d.h. ek-sistierenden Dasein ist *die Kehre von ereignendem Zuwurf und ereignetem Entwurf*. Nur vom Einblick in den Kehre-Charakter des Bezuges von Sein und Dasein und des Verhältnisses des Daseins zur Wahrheit des Seins her kann dann von einem immanenten Wandel des Denkens gesprochen werden. Dieser ist der Übergang von der transzendental-horizontalen Blickbahn in die Blickbahn des Ereignisses. Im Ereignis ist die Zusammengehörigkeit der Wahrheit des Seins in ihrem ereignenden Zuwurf und des Daseins in seinem ereigneten Entwurf gedacht.

Nachdem wir uns in den §§ 2 und 3 der vorliegenden Schrift den systematischen Aufriß der fundamentalontologisch und das heißt immer der transzendental-horizontal angesetzten Seinsfrage vergegenwärtigt haben, können wir nun mit Blick auf den seinsgeschichtlichen Ausarbeitungsweg derselben Frage, so, wie dieser erstmals in den „Beiträgen zur Philosophie" durchgestaltet wurde, eine Reihe von entscheidenden Fragen stellen, ohne daß diese hier beantwortet werden sollen. Es sind die Fragen, die jeder, der sich dem Ereignis-Denken zuwendet, sich stellen und beantworten muß.

Wir fragen: Wie wandelt sich auf dem Ausarbeitungsweg des Ereignis-Denkens die Grundfrage nach dem Sinn von Sein überhaupt? Einen entscheidenden Hinweis für die Antwort auf diese Frage haben wir bereits dadurch gegeben, daß wir gezeigt haben, wie der transzendental-horizontale Ausarbeitungsweg in den Weg des Ereignis-Denkens übergeht, wie, d.h. durch welche den immanenten Wandel auslösende Einsicht. Doch dieser Hinweis allein genügt nicht. Wir müssen nunmehr genauer fragen: In welcher Weise wandelt sich im Übergang von der transzendental-horizontalen Blickbahn in die des Ereignis-Denkens jener fundamentale Sachverhalt, der auf dem ersten Ausarbeitungsweg als die Einheit von ekstatischer Zeitlichkeit und horizontaler Temporalität phänomenologisch zum Aufweis gebracht wurde? Eine bedeutsame Antwort auf diese zentrale Frage ist u.a. Heideggers Freiburger Vortrag von 1962 „Zeit und Sein" (Zur Sache des Denkens, S. 1-25). Die in diesem Text in der Blickbahn des Ereignis-Denkens durchgeführte Thematik „Zeit und Sein" kann jedoch nur dann in einer zureichenden Weise angeeignet werden, wenn auch die transzendental-horizontale Bearbeitung desselben Themas in den „Grundproblemen der Phänomenologie" durchdacht ist. Ferner ist zu fragen, wie sich die transzendental-horizontale Fassung der ontologischen Differenz nunmehr innerhalb des Ereignis-Denkens wandelt. Welche Gestalt nehmen die drei übrigen Grundfragen in der Blickbahn des Ereignis-Denkens an: die Grundfrage nach der Grundartikulation im Sein selbst, das Grundproblem der Vielfältigkeit der Seinsweisen in ihrer Einheit und schließlich die Grundfrage nach dem Wahrheitscharakter des Seins?

Keine dieser zuerst transzendental-horizontal angesetzten Grundfragen werden im Ereignis-Denken aufgegeben. Sie alle tauchen innerhalb der Ereignis-Blickbahn erneut auf und meistens in einer gewandelten Sprache, die dem gewandelten Sichzeigen dieser in Frage stehenden Sachverhalte entspricht. Weil sich mit der gewandelten Blickbahn die Frage*weise* dieser Grundfragen gewandelt hat, führen sie auch zu gewandelten Antworten. Dennoch kommt das Ereignis-Denken her aus dem fundamentalontologischen Denken, das sich rückblickend nicht etwa als falsch erweist. Die Herkunft des Ereignis-Denkens zeichnet weitgehend die Weise vor, in der es sich selbst durchgestaltet. Daher ist auch das Ereignis-Denken nur dann in einer zureichenden Weise nach- und mitvollzogen, wenn es zugleich aus seiner eigenen Herkunft begriffen wird. Um es mit einem Wort zu sagen: Die „Beiträge zur Philosophie" sind in der Gestalt, in der sie von Heidegger verfaßt wurden und uns nunmehr vorliegen, ohne eine Kenntnis von „Sein und Zeit" und des ersten Ausarbeitungsweges der Seinsfrage unverständlich. Ganz in diesem Sinne schrieb Heidegger 1957 in der „Vorbemerkung" zur siebenten unveränderten Auflage von „Sein und Zeit": Der Weg der Ersten Hälfte von „Sein und Zeit" „bleibt indessen auch heute noch ein notwendiger, wenn die Frage nach dem Sein unser Dasein bewegen soll".

Was es heißt, das Wesen des Menschen nicht mehr nur als das sprach- und vernunftbegabte Sinnenwesen, sondern als Dasein zu fassen, um dadurch einen ursprünglicheren Leitfaden für die Ausarbeitung der Seinsfrage und der zu ihr gehörenden Grundfragen der Philosophie zu gewinnen, das allein ist in der Daseinsanalytik aus „Sein und Zeit" in streng phänomenologischen Analysen gezeigt worden. Wenn in den „Beiträgen zur Philosophie" und in allen anderen späteren Schriften Heideggers weiterhin vom Dasein die Rede ist, dann genügt es nicht, nur das vor Augen zu haben, was Heidegger jeweils in diesen Schriften vom Dasein sagt. Das dort vom Dasein in einer gewandelten Sprache Gesagte nährt sich aus dem, was die Daseinsanalytik einst aufgezeigt hat. Daher ist der Auslegende aufgefordert, z.B. das, was Heidegger in den Schriften nach „Sein und Zeit" von der Inständigkeit des Daseins ausführt, durchsichtig zu machen auf die darin eingehüllten existenzialen Strukturen der Daseinsanalytik. Eine Anleitung für ein solches auslegendes Vorgehen gibt Heidegger selbst zum einen in seinem „Brief über den Humanismus" (1947) und zum anderen in seiner 1949 verfaßten „Einleitung" in seine Freiburger Antrittsvorlesung „Was ist Metaphysik?"[13]. In diesen beiden Schriften zeigt er, wie die existenzialen Seinsstrukturen aus der Daseinsanalytik das zum Ereignis gehörende Dasein verfassen.

Allein, die Herkunft des zweiten Ausarbeitungsweges der Seinsfrage aus dem ersten Ausarbeitungsweg begreifen, heißt nicht nur, die Daseinsanalytik der ersten beiden Abschnitte aus „Sein und Zeit" gegenwärtig haben, sondern erfordert zugleich auch, die unter dem Titel „Zeit und Sein" stehende zentrale Thematik der Fundamentalontologie, so, wie sie in den „Grundproblemen" zumindest ansatzweise ausgeführt ist, beherrschen. Denn ohne ein gründliches Studium der „Grundprobleme" bleibt die philosophierende Aneignung nicht nur der Daseinsanalytik aus „Sein und Zeit", sondern auch des Ereignis-Denkens unzureichend.[14]

ANMERKUNGEN

[1] Heidegger, *Die Grundprobleme der Phänomenologie*. Gesamtausgabe Bd. 24. Hg. F.-W. v. Herrmann. Frankfurt a.M. 1975.
[2] Heidegger, *Sein und Zeit*. Tübingen 1979¹⁵.
[3] Martin Heidegger – Karl Jaspers, *Briefwechsel* 1920-1963. Hg. W. Biemel, H. Saner. Frankfurt a.M. – München, Zürich 1990.
[4] Heidegger, *Mein Weg in die Phänomenologie*. In: Zur Sache des Denkens. Tübingen 1969, S. 88.
[5] Martin Heidegger – Elisabeth Blochmann, *Briefwechsel* 1918-1969. Hg. Joachim W. Storck. Marbacher Schriften Bd. 33. Marbach a.N. 1989, S. 19.
[6] Heidegger, *Die Metaphysik des deutschen Idealismus*. Zur erneuten Auslegung von Schelling: „Philosophische Untersuchungen über das Wesen der menschlichen Freiheit und die damit zusammenhängenden Gegenstände" (1809). Gesamtausgabe Bd. 49. Hg. Günter Seubold. Frankfurt a.M. 1991, S. 39 f.
[7] Heidegger, *Vom Wesen des Grundes*. In: Wegmarken. Gesamtausgabe Bd. 9. Hg. F.-W. v. Herrmann. Frankfurt a.M. 1976, S. 134.
[8] Heidegger, *Beiträge zur Philosophie (Vom Ereignis)*. Gesamtausgabe Bd. 65. Hg. F.-W. v. Herrmann. Frankfurt a.M. 1989.
[9] Heidegger, *Metaphysische Anfangsgründe der Logik im Ausgang von Leibniz*. Gesamtausgabe Bd. 26. Hg. Klaus Held. Frankfurt a.M. 1978, S. 191-202.

10 Heidegger, *Zur Sache des Denkens.* Tübingen 1969.
11 Heidegger, *Brief über den Humanismus.* Frankfurt a.M. 1981[8], S. 19.
12 Heidegger, *Ein Vorwort. Brief an P. William J. Richardson.* In: Philosophisches Jahrbuch. 72. Jahrgang. 2. Halbband. München 1965.
13 Heidegger, *Was ist Metaphysik?* Frankfurt a.M. 1981[12], S. 7-23.
14 Vgl. hierzu v. Verfasser: *Die Frage nach dem Sein als hermeneutische Phänomenologie.* In: Große Themen Martin Heideggers. Eine Einführung in sein Denken. Hg. Edelgard Spaude. Freiburg 1990; ferner: *Weg und Methode. Zur hermeneutischen Phänomenologie des seinsgeschichtlichen Denkens.* Frankfurt a.M. 1990.